《科学美国人》精选系列

畅享智能时代

《环球科学》杂志社
外研社科学出版工作室 编

畅销全球170年
《科学美国人》
精选

外语教学与研究出版社
FOREIGN LANGUAGE TEACHING AND RESEARCH PRESS
北京 BEIJING

图书在版编目（CIP）数据

畅享智能时代／《环球科学》杂志社，外研社科学出版工作室编. —— 北京：
外语教学与研究出版社，2018.11
（《科学美国人》精选系列）
ISBN 978-7-5213-0467-1

Ⅰ. ①畅… Ⅱ. ①环… ②外… Ⅲ. ①人工智能－普及读物 Ⅳ. ①TP18-49

中国版本图书馆 CIP 数据核字 (2018) 第 256350 号

出 版 人　徐建忠
责任编辑　郭思彤
责任校对　蔡 迪
装帧设计　水长流文化
出版发行　外语教学与研究出版社
社　　址　北京市西三环北路 19 号（100089）
网　　址　http://www.fltrp.com
印　　刷　北京华联印刷有限公司
开　　本　710×1000　1/16
印　　张　12.5
版　　次　2019 年 1 月第 1 版 2019 年 1 月第 1 次印刷
书　　号　ISBN 978-7-5213-0467-1
定　　价　59.80 元

购书咨询：（010）88819926　电子邮箱：club@fltrp.com
外研书店：https://waiyants.tmall.com
凡印刷、装订质量问题，请联系我社印制部
联系电话：（010）61207896　电子邮箱：zhijian@fltrp.com
凡侵权、盗版书籍线索，请联系我社法律事务部
举报电话：（010）88817519　电子邮箱：banquan@fltrp.com
法律顾问：立方律师事务所　刘旭东律师
　　　　　中咨律师事务所　殷 斌律师
物料号：304670001

《科学美国人》精选系列

丛书顾问

陈宗周

丛书主编

刘　芳　　章思英

褚　波　　姚　虹

丛书编委（按姓氏笔画排序）

丛　岚　　刘雨佳　　刘晓楠　　何　铭　　罗　凯　　赵凤轩

郭思彤　　龚　聪　　韩晶晶　　蔡　迪　　廖红艳

序 集成再创新的有益尝试

欧阳自远
中国科学院院士　中国绕月探测工程首席科学家

　　《环球科学》是全球顶尖科普杂志《科学美国人》的中文版，是指引世界科技走向的风向标。我特别喜爱《环球科学》，因为她长期以来向人们展示了全球科学技术丰富多彩的发展动态；生动报道了世界各领域科学家的睿智见解与卓越贡献；鲜活记录着人类探索自然奥秘与规律的艰辛历程；传承和发展了科学精神与科学思想；闪耀着人类文明与进步的灿烂光辉，让我们沉醉于享受科技成就带来的神奇、惊喜之中，对科技进步充满敬仰之情。在轻松愉悦的阅读中，《环球科学》拓展了我们的知识，提高了我们的科学文化素养，也净化了我们的灵魂。

　　《环球科学》的撰稿人都是具有卓越成就的科学大家，而且文笔流畅，所发表的文章通俗易懂、图文并茂、易于理解。我是《环球科学》的忠实读者，每期新刊一到手就迫不及待地翻阅以寻找自己最感兴趣的文章，并会怀着猎奇的心态浏览一些科学最前沿命题的最新动态与发展。对于自己熟悉的领域，总想知道新的发现和新的见解；对于自己不熟悉的领域，总想增长和拓展一些科学知识，了解其他学科的发展前沿，多吸取一些营养，得到启发与激励！

每一期《环球科学》都刊载有很多极有价值的科学成就论述、前沿科学进展与突破的报告以及科技发展前景的展示。但学科门类繁多，就某一学科领域来说，必然分散在多期刊物内，难以整体集中体现；加之每一期《环球科学》只有在一个多月的销售时间里才能与读者见面，过后在市面上就难以寻觅，查阅起来也极不方便。为了让更多的人能够长期、持续和系统地读到《环球科学》的精品文章，《环球科学》杂志社和外语教学与研究出版社合作，将《环球科学》刊登的"前沿"栏目的精品文章，按主题分类，汇编成系列丛书，包括《大美生命传奇》《极简量子大观》《极简宇宙新知》《未来地球简史》《破译健康密码》《畅享智能时代》《走近读脑时代》《现代医学脉动》等，再度奉献给读者，让更多的读者特别是年轻的朋友们有机会系统地领略和欣赏众多科学大师的智慧风采和科学的无穷魅力。

　　当前，我们国家正处于科技创新发展的关键时期，创新是我们需要大力提倡和弘扬的科学精神。前沿系列丛书的出版发行，与国际科技发展的趋势和广大公众对科学知识普及的需求密切结合；是提高公众的科学文化素养和增强科学判别能力的有力支撑；是实现《环球科学》传播科学知识、弘扬科学精神和传承科学思想这一宗旨的延伸、深化和发扬。编辑出版这套丛书是一种集成再创新的有益尝试，对于提高普通大众特别是青少年的科学文化水平和素养具有很大的推动意义，值得大加赞扬和支持，同时也热切希望广大读者喜爱这套丛书！

科学奇迹的见证者

陈宗周

《环球科学》杂志社社长

1845年8月28日，一张名为《科学美国人》的科普小报在美国纽约诞生了。创刊之时，创办者鲁弗斯·波特就曾豪迈地放言：当其他时政报和大众报被人遗忘时，我们的刊物仍将保持它的优点与价值。

他说对了，当同时或之后创办的大多数美国报刊消失得无影无踪时，170岁的《科学美国人》依然青春常驻、风采迷人。

如今，《科学美国人》早已由最初的科普小报变成了印刷精美、内容丰富的月刊，成为全球科普杂志的标杆。到目前为止，它的作者包括了爱因斯坦、玻尔等160余位诺贝尔奖得主——他们中的大多数是在成为《科学美国人》的作者之后，再摘取了那顶桂冠的。它的无数读者，从爱迪生到比尔·盖茨，都在《科学美国人》这里获得知识与灵感。

从创刊到今天的一个多世纪里，《科学美国人》一直是世界前沿科学的记录者，是一个个科学奇迹的见证者。1877年，爱迪生发明了留声机，当他带着那个人类历史上从未有过的机器怪物在纽约宣传时，他的第一站便选择了《科学美国人》编辑部。爱迪生径直走进编辑部，把机器放在一张办公桌上，然后留声机开始说话了："编辑先生们，你们伏案工作很辛苦，爱迪生先生托我向你们问好！"正在工作的编辑们惊讶得目瞪口呆，手中的笔停在空中，久久不能落下。这一幕，被《科学美国人》记录下来。1877年12月，《科学美国人》刊文，详细介绍了爱迪生的这一伟大发明，留声机从此载入史册。

留声机，不过是《科学美国人》见证的无数科学奇迹和科学发现中的一个例子。

可以简要看看《科学美国人》报道的历史：达尔文发表《物种起源》，《科学美国人》马上跟进，进行了深度报道；莱特兄弟在《科学美国人》编辑的激励下，揭示了他们飞行器的细节，刊物还发表评论并给莱特兄弟颁发银质奖杯，作为对他们飞行距离不断进步的奖励；当"太空时代"开启，《科学美国人》立即浓墨重彩地报道，把人类太空探索的新成果、新思维传播给大众。

今天，科学技术的发展更加迅猛，《科学美国人》的报道因此更加精彩纷呈。无人驾驶汽车、私人航天飞行、光伏发电、干细胞医疗、DNA计算机、家用机器人、"上帝粒子"、量子通信……《科学美国人》始终把读者带领到科学最前沿，一起见证科学奇迹。

《科学美国人》也将追求科学严谨与科学通俗相结合的传统保持至今并与时俱进。于是，在今天的互联网时代，《科学美国人》及其网站当之无愧地成为报道世界前沿科学、普及科学知识的最权威科普媒体。

科学是无国界的，《科学美国人》也很快传向了全世界。今天，包括中文版在内，《科学美国人》在全球用15种语言出版国际版本。

《科学美国人》在中国的故事同样传奇。这本科普杂志与中国结缘，是杨振宁先生牵线，并得到了党和国家领导人的热心支持。1972年7月1日，在周恩来总理于人民大会堂新疆厅举行的宴请中，杨先生向周总理提出了建议：中国要加强科普工作，《科学美国人》这样的优秀科普刊物，值得引进和翻译。由于中国当时正处于"文革"时期，杨先生的建议6年后才得到落实。1978年，在"全国科学大会"召开前夕，《科学美国人》杂志中文版开始试刊。1979年，《科学美国人》中文版正式出版。《科学美国人》引入中国，还得到了时任副总理的邓小平以及时任国家科委主任的方毅（后担任副总理）的支持。一本科普刊物在中国受到如此高度的关注，体现了国家对科普工作的重视，同时，也反映出刊物本身的科学魅力。

如今，《科学美国人》在中国的传奇故事仍在续写。作为《科学美国人》在中国的版权合作方，《环球科学》杂志在新时期下，充分利用互联网时代全新的通信、翻译与编辑手段，让《科学美国人》的中文内容更贴近今天读者的需求，更广泛地接触到普通大众，迅速成为了中国影响力最大的科普期刊之一。

《科学美国人》的特色与风格十分鲜明。它刊出的文章，大多由工作在科学最前沿的科学家撰写，他们在写作过程中会与具有科学敏感性和科普传播经验的科学编辑进行反复讨论。科学家与科学编辑之间充分交流，有时还有科学作家与科学记者加入写作团队，这样的科普创作过程，保证了文章能够真实、准确地报道科学前沿，同时也让读者大众阅读时兴趣盎然，激发起他们对科学的关注与热爱。这种追求科学前沿性、严谨性与科学通俗性、普及性相结合的办刊特色，使《科学美国人》在科学家和大众中都赢得了巨大声誉。

　　《科学美国人》的风格也很引人注目。以英文版语言风格为例，所刊文章语言规范、严谨，但又生动、活泼，甚至不乏幽默，并且反映了当代英语的发展与变化。由于《科学美国人》反映了最新的科学知识，又反映了规范、新鲜的英语，因而它的内容常常被美国针对外国留学生的英语水平考试选作试题，近年有时也出现在中国全国性的英语考试试题中。

　　《环球科学》创刊后，很注意保持《科学美国人》的特色与风格，并根据中国读者的需求有所创新，同样受到了广泛欢迎，有些内容还被选入国家考试的试题。

　　为了让更多中国读者了解世界科学的最新进展与成就、开阔科学视野、提升科学素养与创新能力，《环球科学》杂志社和外语教学与研究出版社展开合作，编辑出版能反映科学前沿动态和最新科学思维、科学方法与科学理念的"《科学美国人》精选系列"丛书。

丛书内容精选自近年《环球科学》刊载的文章，按主题划分，结集出版。这些主题汇总起来，构成了今天世界科学的全貌。

丛书的特色与风格也正如《环球科学》和《科学美国人》一样，中国读者不仅能从中了解科学前沿和最新的科学理念，还能受到科学大师的思想启迪与精神感染，并了解世界最顶尖的科学记者与撰稿人如何报道科学进展与事件。

在我们努力建设创新型国家的今天，编辑出版"《科学美国人》精选系列"丛书，无疑具有很重要的意义。展望未来，我们希望，在《环球科学》以及这些丛书的读者中，能出现像爱因斯坦那样的科学家、爱迪生那样的发明家、比尔·盖茨那样的科技企业家。我们相信，我们的读者会创造出无数的科学奇迹。

未来中国，一切皆有可能。

陈宗周

目录 CONTENTS

话题一
科技让生活
更有趣

　　现代社会，人们生活的方方面面都深深地打上了科技的烙印。手机里的各种应用程序帮助你收获知识、查找内容，让你与世界相连。有一天，也许你能一边处理日常事务一边学习知识。科技改变生活的同时，也让生活变得更方便、更有趣。

天衣无缝的视频修复

撰文 | 布里·芬戈尔德（Brie Finegold）
翻译 | 徐欣

新开发的图像修复软件采用了一种新的计算规则，能让计算机自动修复影片图像，迅速而且天衣无缝。

细心的电影观众可能已经注意到了，在彼得·杰克逊（Peter Jackson）执导的电影《指环王》第一部《护戒使者》的一个场景中，一辆旅行车拖着尾气一闪而过。现在人们使用的工具，如Adobe软件系列的"修复笔刷"工具，可以轻易处理和修复图像中的小瑕疵。但如果是对图像进行大块的修复处理，软件使用者就必须不厌其烦地重复同一个动作：切取小块的图像，然后将它们粘贴在需要被除去的部分上面。除非修改幅度很小，否则这种方法创造的图像效果就不敢恭维：在后来的《护戒使者》DVD（数字视频光盘）中，电影中出现过旅行车的地方变成了一个可见的模糊斑点。

新近开发的软件使用了先进的数学算法，也许能很快改变这种情况。它能帮助视频编辑人员自动掩盖影片中的移动物体，迅速且毫无破绽。美国明尼苏达大学的计算机科学家吉列尔莫·萨皮罗（Guillermo Sapiro）是这个软件的总开发师，按照他的说法，这种新开发的软件甚至能够移除遮挡其他东西的巨大移动物体。

萨皮罗对视频修复的知识建立在先前对静态图片的处理经验上。早在1998年，萨皮罗和他的3个同事在巴黎见识了传统艺术修复大师的修复技巧：他们先从受损物品的边缘入手，将物品的基本组织结构由外向内修补，然后根据图像的色饱和度（颜色的纯度）上色。研究人员模仿修复大师的工作程序，先从黑白图像开始，将这些艺术家的技术编译成数学算法（具体地说，就是偏微分方程），这种数学算法可以描述图像在各个方向上色饱和度的改变情况。

举例来说，在一张缺了一块圆形区域的桥梁图片中，这种软件能像那些修复大师一样，从圆形缺片的边缘开始向内部修补。软件的数学算法还集成了一种功能，可以在修补处理的同时，将一组特殊的曲线（也就是等亮度线，每条线上的图像色饱和度都完全相同）延伸到圆形缺片之中。当灰度色调沿着这些等亮度线由外向内填满整个圆形缺片时，图像修复过程也就完成了。萨皮罗解释说："这种由外向内进行衍生修补的方式，是最近所有图像修复技术的共同方案。"对于彩色图像，研究人员也可以先分别计算3种基本色（红色、绿色和蓝色）的色饱和度，再将它们合并起来。美国国家航空航天局（NASA）曾经使用这种方法来修复金星的图像。

这些技术突破应用于视频影像看起来非常简单，只需要对影片的每一帧图像加以修复就可以了。这种做法也许过于直接，因为它可能产生如同波浪一样漂浮不定的画面，甚至可能根本不起作用。举例来说，一帧画面中一件T恤上

如同液体流动一般的修复过程

视频文件修复软件的数学算法与纳维－斯托克方程式类似，后者从数学上描述了液体的运动，并且得到了广泛的研究。颜色就如同液体一样，流入空洞（照片上数据丢失的圆形区域），沿着障碍物（边界分明的图像轮廓）的边缘扩散。这种类似性激发了美国明尼苏达大学的计算机科学家吉列尔莫·萨皮罗和他的同事的想法，他们利用一种与预测液体流动方式的技术相似的数学算法，实现了视频影像的自动修复。

单帧画面的拼合叠加确定了数据
损坏的范围，对它加以修补可以
修复一段行人走路的视频影像。
在静态的单帧画面中，数据损坏
的区域是一个黑色矩形。

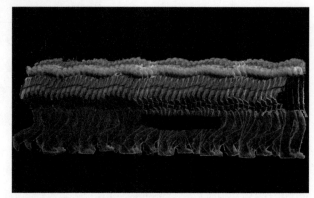

的图案被遮住了，如果单将这一帧输入图像程序，它就能修复出一件不带图案
的完美T恤。但是经过这样的修复，视频影像中T恤的图案就会时隐时现，这
样的修复显然不能算成功。不过一种能够利用视频影像时间连续性的程序，就
能修复T恤上的图案。它可以从前后的其他帧中提取出没被遮挡的T恤图案，
将图案叠加上去，完成对视频影像的修复。

　　为了将时间连续性添加到修复算法之中，研究人员把时间视为第三维。如
果把一段视频看成是一本厚厚的书，每一帧图像是书中的一页，在影片中平滑
移动的图像数据丢失部分，就是一只扭曲着身体前行的蠕虫在书中咬出的空
洞，洞的长度就是影片中受损图像持续出现的时间。一旦洞的时空边界被确定
下来，程序就可以修复蠕虫咬出的三维空洞，同时修复每一帧二维图像上的数
据损坏，创造出流畅的视频画质。对程序使用者来说，幸运的是，他们只需要

确定一帧画面中的图像错误，程序就能自动将视频文件里静态的图像与动态部分分辨出来，提取出蠕虫咬出的整个空洞。

　　萨皮罗的算法还没有应用在商业软件中，萨皮罗和他的同事仍然在继续改进他的算法。在一篇论文中，萨皮罗与来自美国明尼苏达大学的凯达尔·帕特瓦尔丹（Kedar Patwardhan）和西班牙巴塞罗那的庞佩乌·法布拉大学的马塞尔·贝尔塔米罗（Marcel Bertalmio）一起，描述了一种速度更快的计算方法，并且这种方法能够处理摄像机在变焦时拍摄的图像。至今为止，没有一种软件能够移除不断放大或者缩小的物体，当摄像机对准某一目标被拉近或者拉远镜头时，就会产生这样的效果。同时，也没有哪种运算方法能够处理飘忽不定的移动物体。当科学家战胜这些困难的时候，他们也许就能让罗列出《泰坦尼克号》182处错误的网站关门了，比如moviemistakes.com。

超高速喷墨打印机

撰文 | **蔡宙** (Charles Q. Choi)
翻译 | Kingmagic

澳大利亚的一家研究公司开发了一种新型喷墨打印机，它的新型喷嘴让喷墨打印机的彩色打印速度加快了30倍。

经过十多年的研发，一种新型打印机已经在澳大利亚初具雏形。研发小组最初的构想是制造出一台小到可以塞进数码相机的打印机，不过最后的成果却是一台名为Memjet的喷墨打印机，它打印彩色照片的速度比已有的打印机快30倍。（打印机的名字来源于微机电系统的缩写MEMS。）

喷墨打印机主导着目前的桌面打印市场。它通过喷嘴往打印纸上喷洒墨滴进行打印。常规的喷墨打印机在打印时会在打印纸上来回移动喷嘴，就像织布机上来回穿梭的梭子一样。

相反，由位于澳大利亚悉尼市的西尔弗布鲁克研究公司开发的Memjet则拥有一排排固定的喷嘴阵列。这些喷嘴阵列的宽度与打印纸宽度相同，所有喷嘴都可以同时喷墨。这种设计减少了打印机的活动部件，从而降低了振动和噪声。这种设计还能在1秒钟内完成一张高质量彩色页面的打印，比已有的消费级打印机快大约5倍。凭借这一速度，这种打印机在1分钟内可以打印30张4英寸×6英寸（1英寸＝2.54厘米）的彩色照片。位于美国马萨诸塞州牛顿维尔的天琴座研究公司的分析师史蒂夫·霍芬伯格（Steve Hoffenberg）一直在关注影像工业的进展，他评论说："与这种打印机相比，其他任何打印机的打印速度都像冰河的流速一样缓慢。"

和许多喷墨打印设备一样，Memjet也需要将墨水加热到沸腾，产生墨水蒸气，再通过喷嘴喷射出去。不同之处在于，传统喷墨打印机的加热电路分布在喷嘴的管壁上，而Memjet则将加热器悬空伸进墨水当中。

这种放置方式可以冷却加热器，因此Memjet可以将喷嘴排列得非常紧密，每平方毫米可以安置多达320个喷嘴——是已有主流打印机喷嘴密度的17倍。更紧密的喷嘴排列意味着更高的资源利用率和更低的成本。目前，西尔弗布鲁克研究公司的目标是将Memjet打印机的生产成本维持在与其他消费级打印机相同的档次上。

Memjet喷射出来的墨滴大小，仅有大多数喷墨打印机墨滴的1/5。这种墨滴的体积极小，可以打印出精度达1600dpi的清晰照片，超过了人眼的分辨能力，与已有的主流打印机不相上下。Memjet的首席设计师基亚·西尔弗布鲁克

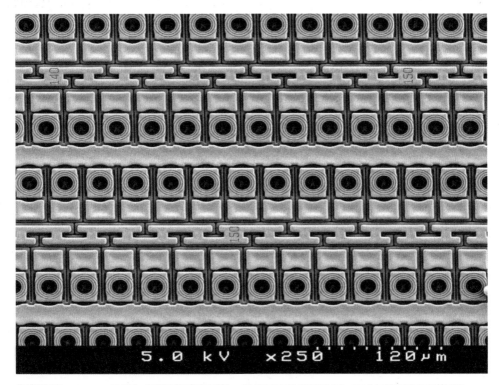

新型喷嘴：Memjet使用与打印纸宽度相同的一排排固定的喷嘴阵列，因此可以进行高速打印。

（Kia Silverbrook）解释说，要设计一种墨滴大小与Memjet相似的常规喷墨打印机并非难事，但这种常规打印机需要喷射5倍以上的墨滴，"因此打印速度也只有Memjet的1/5，我们在速度上占了不少优势"。该公司还声称，Memjet不会比已有喷墨打印机更容易发生喷嘴堵塞故障。

2007年3月21日，在捷克首都布拉格召开的全球喷墨打印机会议上，西尔弗布鲁克研究公司公布了他们的这项新技术。至于能够塞进数码相机的微型打印机，该公司表示仍有可能开发成功。

预测交通
堵塞

撰文 ｜ 马克·菲谢蒂（Mark Fischetti）
翻译 ｜ 王栋

IBM推出了一个新系统，它能提前1小时预测交通堵塞，使驾驶员远离交通堵塞。此外，此系统的分析技术还可以在其他领域派上用场。

车载导航系统和移动应用软件能提示驾驶员如何避开交通堵塞。问题是，当驾驶员收到这些信息时，他们大多已在路上，甚至已经陷入交通堵塞。IBM（国际商业机器公司）推出的一个系统，能在堵车前1小时预测车流量，让驾驶员有足够的时间绕行，避免陷入交通堵塞。

在新加坡进行的试运行中，该系统对遍布市区的500个地点进行了交通预报，准确预测了这些地区的车流量（准确率为87%～93%）和车速（准确率为87%～95%）。在芬兰和美国新泽西州高速公路进行的测试中，该系统的预测情况也得到了类似的结果。

预测成功的关键是预测模型，它能将路面传感器、摄像机及出租车上GPS（全球定位系统）转发器发来的实时数据，与过往交通信息、路面情况和天气预报结合在一起综合分析。每周，这套预测模型都会根据最近6周的统计数据重新校准。通过道路上的电子信号牌和车载导航系统，这套预测模型能发布提示信息，预测堵塞路段何时恢复畅通。

IBM发言人珍妮·亨特（Jenny Hunter）表示，该公司已经同美国两个交通部门签订合约，打算推出一套完整的预测系统。实施地点很快就会被公布。新加坡可能也会使用这个系统。该国还在测试另一版本的系统，它能为站台候

避免塞车：IBM提供的一项新服务能提前1小时预测堵车情况，并能提供备选行车路线。

车的乘客预测公交车到站时间。

在每个地方，持续运行的预测系统都会给出经过优化的出行建议。如果高速公路1发生堵塞，许多得到这一消息的驾驶员就会涌入高速公路2，那么很快，高速公路2也会堵塞。工程师会继续根据情况调整模型，让它决定是向25%还是向40%的驾驶员发送信息，才能更好地调节这两条高速路上的车流量。而且由于驾驶员的手机持有率非常高，IBM正在与一些通信公司合作，以便连续监控道路上手机用户的密度变化，这有助于建立更加精确的预测模型。为了保护隐私，手机用户的身份信息不会被泄露。

IBM还宣布，他们打算开发个人服务项目：根据当前路况，提前告知个人用户，在多条候选路线中哪一条能让他们最快到达目的地。相关信息会通过语音提示发送至车载导航系统或手机上。

在其他领域，类似的分析技术也能派上用场。位于美国纽约州阿蒙克的IBM服务开发部副总裁罗伯特·莫里斯（Robert Morris）评价说："预测模型的好处是，通过转换，它可以用在不同领域。"在以色列海法市IBM的实验室里，研究人员正在测试一个名为EuResist的软件，它可以预测鸡尾酒疗法中的不同药物组合对艾滋病人的疗效。通过比对一个不断更新的数据库（包含33,000位病人和98,000种疗法的治疗结果），这个软件能分析艾滋病病毒的基因型和病人当前的健康状况。类似的软件或许还能帮助医生确定哪种乳腺癌或前列腺癌疗法在病人身上的效果最好。

IBM还与美国华盛顿特区供水与污水管理局合作，实时预测水网中哪里可能出现问题，比如下暴雨时，哪条下水道可能排水不畅。合作的目标是，在整个水网系统内提前调整阀门，尽可能减少溢水量，提前派遣维修人员赶往事故地点。2010年3月，IBM还在中国西安设立了一家预测分析实验室，帮助商业客户（如西安银行）提前预测客户动态。

从iPhone到 SciPhone

撰文 | 蔡宙（Charles Q. Choi）
翻译 | 王栋

科学家正在研发iPhone的应用程序，以促进科学研究，实现从iPhone 向SciPhone的过渡。

此手机外观图为iPhone 4，苹果公司于2010年推出 该款手机，目前该公司每年都会推出新款iPhone。

● 鸟眼（Birdseye）

由美国康奈尔大学鸟类学实验室研 发的"鸟眼"程序，能提供北美大陆上 最常见的数百种鸟类的信息，包括鸟的 照片和鸣叫声。根据用户向eBird.org 网站在线提交的目击报告，这种程序可 以告知鸟类观察者他们所在的区域哪里 有鸟。eBird.org网站是一个由康奈尔大 学和美国国家奥杜邦学会（美国一个民 间鸟类保护组织）共同运营的项目。科 学家可以根据观察者提供的信息，弄清 楚鸟类的分布、活动和数量。

● 时间树（Timetree）

人类和黑猩猩最近的一个共同祖先生活在什么年代？你可以通过一个叫作"时间树"的程序来查找答案。这个由美国亚利桑那州立大学和宾夕法尼亚州立大学的科学家共同开发的应用程序，能在美国国家生物技术信息中心的大型数据库中搜索数据。该数据库包含超过160,000种生物信息。对于这种问题，"时间树"在数秒钟内就能给出人类和黑猩猩进化分离的时间，答案中还会包括相关论文的引用情况。

● 分子（Molecules）

这个程序能描绘化学物质的三维模型，用户可以通过触摸屏来操控。这些模型不仅仅是一些漂亮的图片，分子的三维结构往往决定了自身的性质，因此这些模型能帮助研究人员和科学爱好者了解化学物质的作用机理。"你随时可以向同事展示蛋白质的分子结构，比如吃午餐的时候。"哥伦比亚大学的病毒学家文森特·拉卡涅洛（Vincent Racaniello）说。

● 我找到了（Ivegot1）

你想发现外来入侵物种吗？外来野生物种（例如缅甸蟒和尼罗巨蜥）正在入侵美国佛罗里达州，破坏当地生态系统。科学家和志愿者可利用这个程序来识别那里的爬行动物，该程序能提供不同物种的照片、特征、分布区域等信息，还可以分辨这些物种是本地生物还是外来入侵者。

● 地质学（Geology）

这是由Integrity Logic公司开发的程序，它向用户提供了美国26个州的地图，其中包含多达50个信息层，包括岩石类型、年龄、地震断层以及过去的地震记录。不仅是科学家，普通用户也会觉得它很有用。"采集蘑菇的人可以利用森林火灾的数据记录，因为某些蘑菇在发生过火灾的地区长得更好。"Integrity Logic公司的创始人马克斯·塔尔迪沃（Max Tardiveau）说。

● 化学果汁（Chemjuice）

你想快速建立自己的分子数据库吗？有了"化学果汁"程序，你只需要在触摸屏上滑动手指，就能绘制出一个化学键；轻敲屏幕，就能去除一个分子或化学键，或者改变化学键的类型。这个应用程序还能计算分子量和分子中各元素的百分含量，并能通过电子邮件将这些分子结构发送到任何你想发送的地方，这对于学生和专业人士来说很是方便。

动画电影中的
光学原理

撰文 | 约翰·斯科特·莱温斯基（John Scott Lewinski）
翻译 | 红猪

皮克斯动画电影营造出一个个虚幻的世界，而它们的背后是现实世界中光照技术的不断改进。皮克斯是如何在《赛车总动员2》中引入逼真的光学特效的？

尽管皮克斯动画工作室的故事都发生在幻想味十足的世界里，但是营造这些场景所需的科学和技术却都源于现实世界。

为了制作《赛车总动员2》，主创人员（与《玩具总动员》、《飞屋环游记》和《瓦力》等影片为同一班人马）不得不研究起了汽车表面反射的光线。这部续集的场景不再是第一集中那个沙漠小镇，而是移到了一场国际车赛的赛场，这就意味着画师们必须描绘大量赛车驶过不同赛道和路面的场景。主创人员很快就意识到，要完成这部影片，皮克斯原有的3D光照系统必须大幅升级才行。

"汽车的设计和上漆都是为了与色彩和光线产生独特的关系，"皮克斯光照组的成员苏迪普·兰加斯瓦米（Sudeep Rangaswamy）表示，"因此，我们必须研究光线从快速移动的车辆上反射回来的方式，以及车辆的移动和反光特性对于周围环境的影响。"

《赛车总动员2》的画面。

皮克斯的一支团队研究了汽车的涂料、碳纤维和铬的吸光特性，以及标准头灯和LCD（液晶显示）头灯对黑暗的穿透强度和射程。研究结果被编成算法，用来实时计算并补偿在反光和吸光材料上的光照频率和色彩温度。

接下来，这项研究又整合进了一个新的光照引擎。所谓光照引擎指的是一种软件，它能让画师在场景中制造出来自任何方向的光照，而这正是真实世界中的摄像指导所期望的效果。光照引擎和虚拟摄像系统的结合，让导演约翰·拉塞特（John Lasseter）得以创造出任意机位的场景。"有了这部新引擎，场景里的光线就能和画师放进场景里的角色准确地互动了，"兰加斯瓦米说，"举例来说，我们在影片里重建了东京闹市的每盏霓虹灯。依靠人工智能，光照引擎创造出这些光线并加以保持，从而建立起了正确的光照关系，而这些都是自动完成的。"

就这样，闪电麦昆疾驰而过，红色的车身上反射出跑道和霓虹灯的光，路边的水塘里也映出它的红色身影，还让它身边的汽车变了色彩。这一切，都无需动画师一幕一幕地"亲手"渲染。现在，新的光照技术已经留在了皮克斯的专利软件库中，它会继续得到更广泛的应用。

裸眼3D
崭露头角

撰文 ｜ 拉里·格林迈耶（Larry Greenemeier）
翻译 ｜ 赵瑾

一项新的技术能让观众在不配戴特殊眼镜的情况下体验3D效果，目前这项技术仍在研讨之中。可以肯定的是，裸眼3D的实现能让3D电视得到更广泛的应用。

几年前，在消费电子和娱乐产业的推动下，3D电视的销售着实火爆了一番。然而，这项技术仍有一个很大的局限：观众需要佩戴一副特殊眼镜才能体验3D效果。目前，一些市场专家认为，这种技术没法真正普及，除非在不用

眼镜的情况下，消费者也能体验到3D效果。

虽然裸眼3D技术已在一些智能手机和便携游戏机的小型屏幕上应用，但这些产品使用的背光液晶显示屏不仅耗电量高，也使产品本身的大小受到了限制。研究人员开始使用前景更好的发光二极管3D显示屏，他们开发了自动立体3D技术，利用微小的棱镜阵列，制造出不用眼镜就能看到的3D影像。发光二极管是因有机化合物对电流产生响应而发光的，因此这种显示屏会比液晶显示屏更薄、更轻、柔韧性更好。这项技术的详细介绍发表在2011年8月的《自然·通讯》杂志上。

韩国首尔大学、Act公司和Minuta技术公司的研究人员，在一块屏幕上设置了一个微型棱镜阵列，充当过滤器，把光线导至特定方向。利用这种棱镜阵列——研究人员用拉丁文"Lucius"（意思是"闪亮"）为之命名，研究人员能让屏幕显示一个只有从特定的角度才能看到的图像。通过调节光线强度，同一个屏幕可以显示出两幅完全不同的图像，一幅传给观看者的左眼，另一幅传给观看者的右眼。观看者的左右眼同时看到这两幅图像，就会产生一种深度感知，使大脑认为看到的是3D影像，从而观看者不需要佩戴任何特殊眼镜。

一些研究人员还介绍了实现裸眼3D技术的其他方法。比如，HTC公司的EVO 3D和LG公司的Optimus 3D智能手机的屏幕，就使用了视差屏障技术，屏幕由精密设计的狭缝组成，能让每只眼睛看到不同的像素组合。遗憾的是，观看者只能在一个特定角度才能体验到3D效果，研究人员正在努力弥补这个缺陷。

手机应用预测
风暴潮

撰文 | **锡德·珀金斯**（Sid Perkins）

翻译 | **郭凯声**

新开发的手机应用和网络版应用或许会让风暴潮的预报更加容易。

你是否在选购沿海一带的房产？你想知道风暴潮引发的洪水在你中意的小区那里曾达到多高的水位吗？现在就有一项应用正好满足你的需求。美国西卡罗来纳大学的一个研究团队，搜集了大西洋和墨西哥湾沿岸3400多个地方过去65年来的风暴潮资料。2012年，该团队开发的网络版应用原型于6月1日（即大西洋飓风季节开始的那一天）之前在http://stormsurge.wcu.edu启用，用户只需在应用中输入地址或邮编，即可查看一张显示了该地区所有高水位记录的地图（手机应用会自动识别用户所在地）。该地图还会显示引发洪水的飓风的移动路线，以及可能影响风暴潮水位高度的其他一些飓风资料（风暴潮水位预报难度之大是众所周知的）。西卡罗来纳大学团队的成员凯蒂·麦克道尔·皮克（Katie McDowell Peek）认为，对这一信息宝库进行详细分析，或许有助

于我们更好地了解一些与风暴无关但会影响风暴潮的因素，包括海岸线的形状、邻近海岸的洋底坡度以及风暴是否在高潮期间袭击陆地等。科学家把预测到的风暴路径及强度，同以前袭扰海岸地区的飓风的路径和强度进行对比，或许可以提高预测风暴后果的能力。

风暴潮、海啸和潮汐都是什么？

风暴潮是由热带气旋、温带气旋、海上飑线等风暴过境所伴随的强风和气压骤变而引起叠加在天文潮位之上的海面振荡或非周期性异常升高。

海啸是由海底地震、火山爆发或巨大岩体塌陷和滑坡等导致的海水长周期波动，能造成近岸海面大幅度涨落。

潮汐是在天体引潮力作用下产生的海面周期性涨落现象。

让动画中的长发飘起来

撰文 | 雷切尔·努维尔 (Rachel Nuwer)
翻译 | 郭凯声

工程师的一项研究成果,可以帮助计算机动画制作者为动画角色安上一头更加飘逸灵动的卷曲长发。

在梦工厂动画出品的动画片《怪物史莱克》中,菲奥娜公主几乎总是把她的头发梳到脑后。菲奥娜公主的发型被设计成这样,并不是为了赶时髦,而是有着物理学上的原因。要想制作头发垂下来的画面,并打造出逼真的效果,需要进行一连串复杂的运算。因此计算机动画制作者通常偏爱短发和盘发,对飘逸的长发则敬而远之。无独有偶,大屏幕上的动画角色,绝大多数也都是梳着直发辫,因为从数学的角度来看,绘制三维的直发辫比较简单。

好消息是,计算机动画制作者的工具箱中或许即将增加一些新的"法宝"。梦工厂和皮克斯动画工作室制作的动画角色拥有一头灵动的卷曲长发,这也许很快就会变成现实。一个研究团队破解了一束卷发的物理学原理,并将研究结果发表在了《物理评论快报》上。"这是人们首次从三维角度对一束天然卷发的动态效果进行全面描述,"该研究报告的作者之一、麻省理

工学院机械工程专业助理教授佩德罗·雷斯（Pedro Reis）说，"我们认为一束卷发的几何性质是高度非线性的，我们通常用这个术语描述复杂事物。"

雷斯和同事一开始并不打算研究卷发，他们想要研究的是细长管状结构的弯曲度，比如海底电缆、油气管道和细菌的微细尾毛。他们准备了一些空心的管状模具，然后把模具缠绕在直径为3.2～100厘米的圆柱形物体上。接着，他们向模具内注入一种类似橡胶的物质，干了之后就形成了一些弯曲程度参差不齐的柔性长条。他们把长条挂起来，考察重力对其形状的影响。看着这些长条一根根并排悬在那里，研究人员意识到这些长条与一缕缕头发有着惊人的相似之处，像极了从直发到非洲人卷发在内的各种发型。

研究人员进行了约11,000次计算机模拟，然后利用这些数据制作了一个模型。该模型描述了一束悬挂的长条在曲度、重量、长度及刚度4个参数的影响下，形成的不同几何形状。这个模型可以应用到动画制作软件中，但前提是，还得把每缕卷发之间的互动关系，以及风和其他外力对头发的作用搞清楚。

这个模型也可用于计算钢管及其他卷绕材料的曲度。"作为工程师，我们一开始想的是如何解决工程方面的问题，"雷斯说，"我并非专业发型师，说真的，我其实是个秃头。"

可穿戴设备让你
边玩边学

撰文 | **陈英菲**（Ingfei Chen）
翻译 | **王舟**

提供触觉刺激的可穿戴设备或许能帮助人们边玩游戏，边学习莫尔斯码。或许有一天，你可以一边处理日常事务，一边学习。

莫尔斯码由嘀嘀嗒嗒的长短信号构成。初步研究表明，学习这种电码可能没那么费力，也没那么费时，诀窍就在于提供触觉刺激的可穿戴设备。研究成果显示，可穿戴设备或许能够影响人的潜意识，让我们在处理日常事务的同时，学会一些"手艺"。

佐治亚理工学院计算机科学教授萨德·斯特纳（Thad Starner）与博士生凯特琳·塞姆（Caitlyn Seim）研究的是触觉学，这是一门结合了计算机设备与振动等触觉刺激的科学。2016年9月，在德国海德堡举行的第20届国际可穿

莫尔斯码

莫尔斯码是一种时通时断的信号代码，通过不同的排列顺序来表达不同的英文字母、数字和标点符号，包括：点、划、点和划之间的停顿、每个词之间中等的停顿以及句子之间长的停顿。

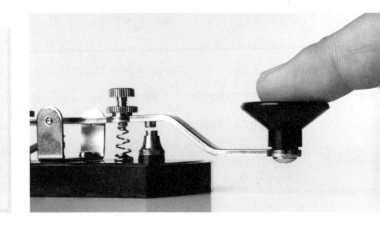

戴计算机研讨会上，他们宣布了自己的研究成果：他们对谷歌智能眼镜进行编程，佩戴者可用它被动地学习莫尔斯码，该研究已经取得了初步成功。

在研究中，12位参与者佩戴谷歌智能眼镜，同时在计算机上专注地玩网络游戏。该测试由数个长达1小时的阶段构成，在每个阶段里，一半参与者既能听到谷歌智能眼镜内置扬声器不断重复拼读的单词，又能感受到右耳后方的敲击（来自内置于镜架的骨导传感器），这些敲击分别对应了每个字母在莫尔斯码中的"点"或"划"信号；其余一半参与者则只能听到扬声器的拼读，感受不到骨导传感器的振动。

在每一轮游戏过后，研究人员要求所有参与者用手指在智能眼镜的触摸屏上，按莫尔斯码敲击出字母。例如，参与者在屏幕上敲击"点划点"，则智能眼镜的可视化屏幕上就会显示出字母"i"。该简短测试实质上会促使参与者去尝试学习莫尔斯码。在4轮游戏后，接受过触觉刺激的参与者敲击全字母短句（指包含全部字母的句子）的准确率高达94%。而未接受触觉刺激的参与者最终的准确率仅为47%，这些参与者仅能通过他们在输入时的"试错"来学习。

斯特纳表示，这项研究说明，"即使在心不在焉时，用户也可能通过可穿戴设备学会一种输入法"。他补充说，被动触觉学习法有望帮助用户快速掌握辅助键盘的新文本输入方法，或者让用户学会在智能手表上盲打，敲击出与莫尔斯码体系类似的信号。这或许真的会让人们使用移动与可穿戴设备的方法发生巨大变化。

塞姆说，这些研究结果与他们先前对被动触觉学习的其他研究结果"完全一致"。例如，他们曾研发出一种智能手套，该手套可以向手指传递振动信号，培养"肌肉记忆"，帮助人们学习钢琴演奏或盲文输入。

德国人工智能研究中心的保罗·卢科维奇（Paul Lukowicz，未参与这项研究）评论说，该实验尽管规模不大，但展示了可穿戴设备是如何让用户"一边处理日常事务一边获取信息，进行学习"的。要是在睡梦中听中文，就能把普通话说流利，那该多好！

话题二

不寻常的
材料新技术

产品的生产要用到各种性能的材料。科学家和工程师们仍在不断探索、创造新技术，追寻新型材料，满足各行各业的需求。也许在不久的将来，玻璃会像橡胶一样柔韧，我们失手掉落一只玻璃杯时，不会产生碎片。不寻常的新型材料，走进寻常百姓家。

"智能窗户"
节能又发电

撰文 | 蔡毅

一种兼具节能和太阳能发电两大功能的"智能窗户",将吹响建筑物节能新号角。

将太阳能电池植入一种可自行调节热传递的"智能窗户",使窗户集节能与发电两大功能于一身,而且完全不影响窗户的透明度——这不是科幻电影中的桥段,中国科学家正在把这一场景变为现实。

中国科学院上海硅酸盐研究所高彦峰领导的一个研究团队,通过为玻璃镀上一层二氧化钒,开发出了一种可根据环境温度,调节阳光中红外线透过率的节能玻璃。而且在此基础上,他们还利用二氧化钒对入射光的散射作用,把散射的阳光导向玻璃四周的窗框(这些窗框由高效的太阳能电池板构成),因此这种窗户在节能的同时还可发电。这项研究发表在2013年10月24日的《科学报告》上。

上述"智能窗户"的实现,依赖于二氧化钒可以发生相变的特殊性质。相变前后,二氧化钒的结构、光学和电学性能都会发生显著变化。

低温时,二氧化钒晶体呈半导体或绝缘状态;高温时,二氧化钒晶体的结构会发生改变,显示出金属特性。因此,发生相变后,二氧化钒的电阻也会发生大幅度变化:高温时,二氧化钒的电阻仅为低温时的百分之一到百万分之一。在光学性质方面,相变前后,可见光的透过率几乎不会变化,但对于红外线,"智能窗户"却可由低温的透明状态,转变为高温的反射或吸收状态,这就是"智能窗户"可以根据环境温度变化,调节红外线透过率的关键所在。

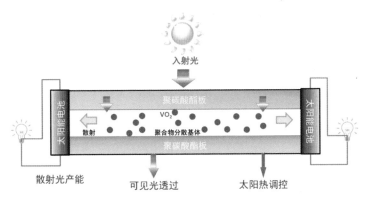

入射光

聚碳酸酯板

太阳能电池

散射　　　　VO₂

聚合物分散基体

太阳能电池

聚碳酸酯板

散射光产能　　　　可见光透过　　　　太阳热调控

　　二氧化钒的另一个好处在于，它还可以吸收紫外线，阳光中约93%的紫外线都可被它吸收，并且这不会受到二氧化钒相变的影响。（众所周知，在紫外线的长期照射下，人体会受到伤害，室内家具的使用寿命也会受到影响。）

　　为了让通过窗户的可见光不被"浪费"，高彦峰和同事想到了用可见光来发电。他们最初的设想是，将高效太阳能电池夹在玻璃中间，但由于太阳能电池的透光性不好，这一方案无法实现。于是，高彦峰把目光转向了窗户四周，设计出了一种"三明治"结构的玻璃，两层透明的玻璃板中间夹着一层二氧化钒镀膜。然后，在窗户四周安上高效太阳能电池。他通过调节镀膜中二氧化钒颗粒的形态、大小及彼此之间的距离，使这些离散分布的纳米颗粒形成数以千万计的"小斜面"。当大量可见光通过时，总有些可见光会撞上"小斜面"而改变传播方向，照射到四周的太阳能电池上，达到发电的目的。

　　测试结果表明，这种"智能窗户"在节能方面表现优异：夏季使用空调时，可减少10%以上的电能消耗，而且随气候条件不同，最高可节省30%的电能。至于发电，根据现有实验结果测算，5平方米的玻璃窗户在正午阳光最强的时候，所产生的电量可以点亮一个34瓦的灯泡。如果能找到合适的产业化合作伙伴，高彦峰认为，在1～2年内，这种"智能窗户"就可以实现产业化。

　　尽管相对于普通窗户，"智能窗户"所用材料多，制作工艺复杂，成本会因此上升，但考虑其节能、发电，以及对环境和居住舒适度的贡献，"这一产品仍将是性价比非常高的新一代窗户"，高彦峰说道。

纳米材料也能
"记忆"形状

撰文 ｜ 廖红艳

研究人员找到了一种纳米级别的记忆材料，它可以"记住"自己变形前的模样，并恢复到原来的样子。

在1966年的科幻电影《神奇旅程》中，美国中央情报局将一艘载有营救人员的潜水艇，缩小至微米级别，注射到一位遭遇刺杀、处于昏迷状态的科学家体内，以清除他大脑中的血块。

这部科幻电影中的微型潜水艇，与我们今天说的微机电系统有些相似。微机电系统通常包含提供动力的微发动机、微处理器和若干获取外部信息的微型传感器，虽然它们的结构并不复杂，但对材料的要求特别苛刻。因为在微米和纳米尺度下，材料会产生巨大的表面效应，普通材料几乎完全无法适用，那么，什么样的材料才能担当这一重任呢？

北京师范大学物理学系教授张金星及其团队，提供了一种可能的材料——铁酸铋。通过实验，他们证实，在纳米尺度下，铁酸铋能实现形状记忆，且形变程度可达14%。相关论文《纳米级形状记忆氧化物》发表在2013年11月19日的《自然·通讯》上。

早在上世纪60年代，科学家就已经发现，铁酸铋拥有很多优良特性，是制备多功能、高密度微型器件的上佳材料。不过，由于那时的技术还无法在原子尺度上操控晶体生长，实验室一直无法制备出质量足够好的样品来实现这些性能。

直到2003年，科学家才第一次在实验室合成出了高质量的铁酸铋薄膜，从此掀起了一股研究铁酸铋材料的热潮。绝大多数科学家都着重研究铁酸铋的电磁特性，希望把这种材料用于微电子领域，从而用电场而非电流来控制材料的磁性。这样不仅可以解决机器发热的问题，还能实现更高密度的数据存储。

张金星及其团队关注的则是铁酸铋材料的形状记忆特性。2011年，他们成功地在铝酸镧基底上制备出了铁酸铋薄膜，并发现薄膜中存在两种不同的晶体结构。正是从那时起，研究人员有了一个想法：传统的形状记忆合金能在温度刺激下，从一种晶体状态转变为另一种晶体状态；新材料拥有两种不同的晶体结构，如果在电场、压力或温度的作用下，材料可以从一种结构向另一种结构转变，那么材料形状是否可以实现来回转变呢？

要验证这个想法，研究人员需要先让拥有两种晶体结构的材料，转变成只有一种晶体结构的纯相。然而，想让薄膜材料发生形变并不容易，因为基底对薄膜有巨大的束缚作用，会限制薄膜的形变程度。

怎样才能克服基底的束缚呢？研究人员想到一个办法，他们在薄膜上刻蚀出一个孤立的"小岛"，让这个区域与周围断开，不再受到周围环境的束缚。

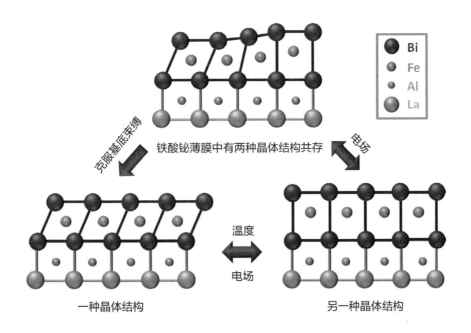

随着"小岛"的面积越来越小，研究人员终于得到了仅有一种晶体结构的铁酸铋晶体。然后，研究人员给这种晶体一个温度刺激，它的结构就会改变，完全转变成另一种晶体结构；而给新的晶体结构施加电场、温度等刺激，它又会恢复成之前的结构。

至此，研究人员终于实现了晶体结构的双向转变，而随着晶体结构的转变，材料形状也随之转变。也就是说，材料具有形状记忆效应。

除了形变效应大，这种新型铁酸铋材料还具有很高的硬度（是金属材料的50～100倍），形变时会产生很大的机械力，如果能证明这种材料的耐疲劳性同样优秀，它完全可以成为微机电系统中发动机、传感器的制备材料。

> **形状记忆效应**
>
> 形状记忆效应指具有一定形状的固体材料，在某一状态下经塑性变形后，通过加热或改变其他条件，材料又恢复到初始形状的现象。

另外，材料中的两种晶体结构还可以扮演存储器中的"1"和"0"的角色，这使它在高密度存储方面也有极大的应用潜力。

谈到未来，张金星充满希望："现在，这种材料已经可以长到硅基底上了，这是一个技术上的突破，意味着它可以集成到微电子工艺中了。"

新的纳米级记忆材料还可以用来做成什么呢？不妨以最大胆、最科幻的方式来想象吧，因为我们还不知道，在几年后，这一领域的研究水平可以达到多么科幻的程度。

设计柔性
显示屏

撰文 | 凯瑟琳·布尔扎克 (Katherine Bourzac)
翻译 | 张哲

利用柔性显示屏，我们可以制造出可弯曲的电子产品。

在2014年秋天，一些iPhone 6用户感到很不安，因为他们发现自己的这款新手机有点变弯了。苹果公司对此的回应是，这种情况非常罕见，并称自己的产品达到了高质量标准，经得起日常使用。不过，有些技术公司倒是希望可以创造出可弯曲的电子产品。

多年来，材料科学家一直在努力研发可弯曲、可卷起的元件。在发表于2014年9月《应用物理通讯·材料》上的一篇论文中，韩国首尔大学的研究人员描述了显示屏的最新研究进展——一种可以替代易碎屏幕的柔性LED（发光二极管）。科学家首先在超薄石墨烯衬底上培养了一层氮化镓缓冲层，随后再在缓冲层上培养出垂直排列的氮化镓微米棒。氮化镓是一种发光晶体材料，而石墨烯则由一层碳原子构成，具有很好的柔韧性、导电性和机械强度。接下来，他们把这些石墨烯－LED层从原来的铜基底上剥离下来，转移到柔韧的聚合物上，这就得到了可弯曲显示屏的雏形。

由于氮化镓在能效和亮度上表现出色，目前大多数液晶显示器中的蓝色LED，使用的发光材料都是氮化镓，并且蓝色LED的发明者也荣获了2014年的诺贝尔物理学奖。不过，想让氮化镓生长在柔软的聚合物上并非易事。

这个由韩国科研团队发明的新型LED，可以反复弯曲1000多次而不影响自身发光性能。这项发明看起来已经在材料的质量和柔韧性的平衡上取得了突破。如果研究人员能把这些单独的、生长有LED的石墨烯层整合起来，做成一个完整的显示屏，那么将来我们就有希望用上可弯曲的手机，这次可是"精心"设计的哦。

蓝色LED

蓝色LED是能发出蓝光的LED，它的发明被誉为"爱迪生之后的第二次照明革命"。2014年，天野浩、赤崎勇和中村修二因"发明高亮度蓝色LED，带来了节能明亮的白色光源"共同获得诺贝尔物理学奖。蓝色LED的发明，使得人类凑齐了能发出三原色光的LED。人们可以用LED凑出足够亮的白光。

像橡胶一样柔韧的玻璃

撰文 | 凯瑟琳·布尔扎克（Katherine Bourzac）
翻译 | 李玲玲

科学家发明了一种同时具有硬度和弹性的新型玻璃材料。也许在不久的将来，我们失手掉落一只玻璃杯时，就不会再有碎片迸溅的场面了。

如果玻璃能像橡皮筋一样伸展，它就可以用作防震窗和柔性电子显示屏，或者被做成航空领域里耐高温的力敏元件。由材料科学家稻叶诚二领导的东京工业大学研究团队，已经首次创造出了这种弹性玻璃。

玻璃通常由磷基或硅基分子构成，这些分子以有序但非晶的三维构造结合在一起。通过实验，稻叶诚二和同事将玻璃的微观结构改变成了类似橡胶分子的链式结构，相当长的氧化磷链以较弱的力彼此连在一起。科学家在高温下拉伸这种玻璃后，它可以回缩大约35%，展现出了正常玻璃从未有过的弹性。这种弹性玻璃的研究论文，于2014年12月发表在了《自然·材料》上。

稻叶诚二现供职于日本旭硝子公司（一家玻璃制品公司），他说自己还需要继续努力。目前这种玻璃在220～250℃下的回缩表现不错，但设计师希望玻璃在室温条件下最终也能具有这样的表现。美国麻省理工学院的材料科学家迈克尔·德姆科维茨（Michael Demkowicz）指出，工程师可以用稻叶诚二的方法，再赋予已经可以成为优良导体的玻璃以弹性。也许在不久的将来，我们失手掉落一只玻璃杯时，就不会再有碎片迸溅的场面了。

"打印"电池的
新工艺

撰文 | 凯瑟琳·布尔扎克（Katherine Bourzac）

翻译 | 张哲

新的电池制造工艺将有望像挤牙膏一样，把制造电池所需的部件一次性地"挤"出来。

"打印电池是可持续能源的未来。"施乐公司下属的著名研发企业帕洛阿尔托研究中心（位于美国加利福尼亚州）的工程师如是说。他们最近公布了一种节省成本的电池制作工艺，这种工艺将有望像挤牙膏一样，把制造电池所需的部件一次性"挤"出来。

目前，制作电池需要很多步骤。首先，制作电极，需要两个机器像摊馅饼一样把储能物质铺在金属层上。然后，将其干燥压实，根据尺寸进行裁剪，再向正负极之间插入塑料隔层以防止短路。最后，电池被封装在绝缘材料中，并被充满电解液，电解液可在正负电极间运输电荷。

而新的电池打印工艺简化了上述步骤。2015年4月，美国材料研究学会在旧金山举行了一次会议，帕洛阿尔托研

究中心的科里·科布（Corie Cobb）在会上展示了打印用的喷嘴和材料，利用这些材料可以一次制作出电池三个组分中的两个。这个具有两头的打印喷嘴可以同时挤出含锂离子的正极和聚合物隔层。不过，目前三个组分还不能一起打印，因为在打印过程中材料会混。在科布找到解决方案之前，研究人员还需要手动添加石墨负极。科布和同事预测，一旦正极、负极和隔层三者可以同时打印，这种三合一的工艺就可以将锂电池的制作成本削减15%。目前，电池制造商已经对这种二合一的制作方法显示出了兴趣。因为，采用新工艺制作的原型电池在性能上与采用传统工艺、相同材料制作的电池一样好。

采用新工艺制作电池无论对降低电动车成本，还是对电力公司购买并存储不稳定的风能和太阳能作为稳定电网的额外能量，以及降低电池价格都至关重要。长期来看，设计师还可以根据新型应用设备的要求来定制电池形状，电池将不再只是方形或圆柱形。

石墨烯的头号竞争者——磷烯

撰文 | 亚历山德拉·奥索拉（Alexandra Ossola）

翻译 | 张哲

磷烯或许能成为比石墨烯更好的半导体材料。

在工程师的神奇材料榜单上，石墨烯目前高居榜首。这种材料由单层碳原子构成，不仅强度大，延展性好，还有独特的电性质。正因为有这些性质，研究人员把石墨烯用在了从手机充电器到水过滤器的多个设备上。但石墨烯有一个方面却让人失望：它并不是一个天然的半导体。尽管工程师在改造石墨烯成为晶体管（晶体管是在各种电子设备中负责调整电流的元件）方面取得了很大的进展，但是他们目前已经转向了另一个与石墨烯结构类似、有潜力的替代品——磷烯，即单原子层的黑磷。

在高压条件下，磷会转变成黑磷。大约一个世纪前，人们就发现黑磷具备超导特性。2014年，美国普渡大学的一个科研团队分离出了单原子层的黑磷。此后，这个领域的其他研究人员就开始了磷烯的研究。仅一年，有关这种二维材料的论文就发表了400余篇。

加拿大麦吉尔大学二维材料领域专家托马斯·什科佩克（Thomas Szkopek）说："磷烯有潜力取代目前电子元件中使用的低效材料，因此人们对其兴趣不断增加。"

什科佩克说："磷烯是一种'真正的半导体'。"他的意思就是磷烯的导电性是可以开启和关闭的。正因如此，工程师可以调整穿过磷烯的能量大小，调整幅度可达好几个数量级。如此一来，工程师就能尽可能减少电流泄漏，从而使晶体管朝着更高的效率迈进。传统的晶体管主要由硅元素组成，其效率远未达到热力学极限。

尽管材料科学家对磷烯抱有很高期望，但是磷烯也有一些特点使它并不利于未来应用于半导体（见下表）。不过即便研究人员无法解决这些问题，磷烯也可能还有其他用途。

磷烯不像硅那么脆，因此它可能用在柔性电子元件中。而且磷烯可以发光，也有望用在激光器或者LED中。磷烯也有可能最适合用在一种目前还没发明出来的元件中。

什科佩克说："在全球范围掀起了一股追逐像磷烯这样的二维材料的热潮，这将使我们可能得到混合有各种性质的独特产品。"其他有待研究的类似材料还有：锗烯、硅烯和锡烯。这些材料也已经准备好登场了。

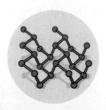 

性质	磷烯	石墨烯
结构	褶皱六边形	平面六边形
导电性	开启、关闭电流很容易	切换时会出现泄漏
柔性	柔性高，由于褶皱结构具有可压缩性	沿着x－y轴柔性高
纯度	很难分离出单层结构，但是降低对品质的要求可能会让分离工作容易一些	很容易分离出不存在杂质、导电性良好的单原子层结构
灵敏度	可与光、水和空气反应，用于日用电子元件时，可能会需要保护涂层	在正常情况下稳定，不需要额外的涂层
其他应用	激光器、pH传感器、柔性电子元件	电池、屏幕、太阳能板、仿生植入物

毛皮
潜水衣

撰文 | 辛西娅·格雷伯（Cynthia Graber）
翻译 | 廖红艳

研究人员从水獭身上得到灵感，希望设计出暖和的毛皮潜水衣。

　　鲸、海豹、海象都能在冰冷的海水中悠然游动，因为它们的身体被一层厚厚的脂肪包裹着。像海洋生物的脂肪层一样，人类的潜水衣由氯丁橡胶制成，也能起到保暖作用。不过，在冰冷的海水中，潜水员穿着加厚版的潜水衣，行动起来会非常不方便。除了大型海洋生物，我们能否从更小的一些动物（比如河狸和水獭）身上得到灵感呢？

　　"河狸和水獭身材比较小，不可能长一身厚厚的膘，所以演化出致密的毛发。在水中时，毛发里藏着的空气能起到保暖作用。"艾丽斯·纳斯托（Alice Nasto）说，她是麻省理工学院机械工程专业的一位研究生。科学家早就知道毛皮能捕获空气，形成隔热层，但一直不清楚其工作原理。所以，纳斯托和同事开展了这项新研究。

　　研究人员首先制作毛皮潜水衣模型。他们用激光切割弹性材料，模仿毛发表面。通过这种方法，研究人员可以精确地控制毛发之间的距离及毛发长度。然后，他们把制好的毛皮放入液体中（为了看清气泡，研究人员用的是硅油）。试验的关键是，毛皮在水中时，空气层要一直处于完整无损的状态。毛皮刚刚穿过空气和水之间的界面时，毛皮中充满了空气。毛皮完全浸入水中时，里面还留有多少空气呢？结果表明，毛发越浓密，在水中捕获空气的能力也就越强。相关研究已发表在《物理评论·流体》杂志上。

　　研究人员接下来想搞清楚的是，潜入水下后，如何保持空气不从毛皮中漏走。纳斯托说："毛皮有许多有趣的特性，目前的试验还没有深入涉及。要弄明白河狸和水獭在水下活动时如何保持体温，我们还有很多工作要做。"

　　看起来，潜水员和冲浪运动员暂时还得穿得像海豹一样，但也许有一天，他们会穿得像水獭一样。

新型避火罩
救助消防员

撰文 | 马克·考夫曼（Mark Kaufman）
翻译 | 张哲

用航天材料制成的新型避火罩，可以帮助消防员从火海中逃生。

尽管消防员提前做好了缜密的计划，但在野外灭火时仍可能突然被近1500°F（约816°C）的火焰包围。如果无法逃脱，他们就只能暂时躲在避火罩（一种能够反射热辐射的箔膜小帐篷）里，期待火焰迅速消退。

2013年夏天，在美国亚利桑那州亚内尔山执行任务的19位消防员使用了标准型避火罩。但由于火势太大，他们无一生还。这场悲剧过后，美国国家航空航天局兰利研究中心的科学家吸取了教训，开始研发更好的避火设备。他们使

用了可膨胀隔热技术，这项技术最初用在航天器上，航天器穿过地球大气层时需要抵御2000～5000°F（约1093～2760°C）的高温。2017年4月中旬，美国林业局在艾伯塔大学的一个研究设备上测试了该避火罩抵御高温的能力。尽管实验结果尚未公布，但之前的测试结果表明这种避火罩很有潜力。如果这项技术最终被证实效果显著，那么消防员就可以用到新型避火罩。

过去50年间，传统的避火罩帮助数百位消防员从火海中逃生。但是参与开发新型避火罩原型产品的美国国家航空航天局热力学家乔希·福迪（Josh Fody）解释称，亚内尔山的悲剧说明"传统设备无法抵御高温，无法耐受火焰直接加热"。不过，新的避火材料能做到这一点。新型避火罩很薄，内部填充石墨烯薄片。福迪说，接触火焰后，石墨烯会使玻璃纤维隔热材料层膨胀，把避火罩变成"一个蓬松的大毯子"。他说这个材料"挺聪明"，因为它只有在高温下才会膨胀。这种避火罩很轻，这至关重要，因为消防员常常要在野外环境中长途跋涉，无法携带笨重的设备。

如果效果得到证实，这项技术算得上是及时雨。美国林业局生态学家马特·乔利（W. Matt Jolly）称，由于气候变得更炎热干燥，美国每年野外火灾的过火面积（燃烧过后形成的过火区域的面积大小）比20年前增加了一倍，"也就是说，消防员要面对更多的火灾"。

话题三
航空航天科技
承载飞翔梦想

　　人类在漫长的社会进步中不断扩展自身的生存空间，从陆地到海洋，从海洋到天空，再从天空到太空，人类活动范围的每一次扩展，都是一次伟大的飞跃。航空航天技术的发展，为人类的飞翔梦想插上了翅膀。

便携式 飞机

撰文 | 萨拉·托德·戴维森（Sarah Todd Davidson）
翻译 | 周俊

充气式飞机的研发让普通飞机不可能完成的任务成为了可能，对此我们还有大量的课题需要研究。从长远来看，对充气式飞机而言，天空和跑道不再是唯一的疆域。

一声闷响，炮弹从155毫米榴弹炮中迸射而出。不到1秒钟，弹壳便膨胀成一架翼展为183厘米的飞机，准备就绪，等待起飞。随后，飞机冲过浓烟弥漫的天空，飞向失火的森林。这是一般飞机都无法做到的。普通飞机飞行高度比较低，且必须根据航道飞行，遇到这种熊熊大火时，就只能"束手无策"了。

美国特拉华州ILC Dover公司的工程师称，这不过是在充气式飞机能够担当起这项任务前，进行一些微调试验而已。他们的目标是制造能够压缩和折叠、节省空间、便于运输和储藏的无

充气膨胀的情景：183厘米的机翼在充满气体后便呈现出来，在放掉气体后可以方便运输和储藏。

人驾驶飞机。这种飞机除了可以用榴弹炮发射以外，还可以放进背包里，或进行空投。普通飞机安装了充气式机翼，翼展可以增长一倍。这样，飞机在飞行途中可以使用短机翼，在盘旋或减速降落时则张开充气机翼，以节约燃料。

2001年是充气式机翼发展史上值得纪念的一年。充气式飞机的发明者——美国国家航空航天局德赖登飞行研究中心（位于美国加利福尼亚州爱德华兹）从近305米的高空投下飞机，两个充气机翼都成功地展开了。但那些机翼上没有安装飞行控制系统。于是，ILC Dover公司开始在机翼里设计体积小巧、结构灵活、操作方便的制动器。工程师还设计了光电电池，机翼折叠时，电池收缩；机翼展开时，电池为机械设备提供能源。

ILC Dover公司的研发经理戴维·卡多根（David Cadogan）说："对充气式飞机，我们还有大量的课题需要研究。"这种飞机能否执行多种任务，在某种程度上，取决于它的质量大小。这些飞机的质量有大有小，从4540～45,400克不等。45,400克级别的飞机，能够运载各种侦察设备，如光学和红外线照相机，并由一名飞行员驾驶。

就职于ILC Dover公司、负责宇航服研制的博比·琼斯（Bobby Jones）在美国肯塔基大学读书时，就已经开始研发机翼。对他来说，充气式飞机起飞是

这项飞机工程的一件里程碑事件。他说："当我跟人们谈论充气式机翼时，它也许就在我们的头顶上方。"

从长远来看，ILC Dover公司的工程师及肯塔基大学的合作者，都希望他们的飞机有一天能穿越火星的大气层。工程师称，实现这一目标的技术已经成熟了。

ILC Dover公司还为火星探测车设计了有助于安全着陆的气囊，但它并非唯一一家研发该技术的公司。美国加利福尼亚州埃尔西诺湖的Vertigo公司，为美国国家航空航天局设计出了2001年的机翼，并且还在继续这项研究。同时，该公司也在进行一系列研究，以制造能用榴弹炮发射的充气式军需品。此外，还有多个团体也对该技术表现出了兴趣，比如美国国家航空航天局、美国国防部高级研究计划局，以及生产无人驾驶飞机的几家公司。由此可见，当卡多根说天空就是这些机翼的界限时，或许他把目标定得太低了。

充气式飞机

充气式飞机不仅节约空间，而且非常强韧，不需跑道。远程遥控式飞机的时代结束后，飞行员仅仅通过直接着陆的方式就能把飞机带回家。这种着陆的冲击力很小，不会损伤坚韧的机翼。典型的机翼是由维克特拉纤维制成的，那是一种人造纤维，比凯芙拉纤维更强韧、更灵活。着陆后，飞行员只需把气体排放掉，然后就可以把飞机卷起来存放了。

天然气
火箭

撰文 | 史蒂文·阿什利（Steven Ashley）
翻译 | 王栋

以甲烷为燃料的新型火箭发动机有很多优势，应用前景诱人。未来的火箭将使用甲烷作为动力来源，把人类送入太空，甚至送上火星。

很多人都知道天然气（甲烷）是日常生活中用于加热和取暖的一种燃料，然而在不远的将来，它也许还能推动宇宙飞船进入绕地球轨道，甚至到达更远的地方。世界各地的很多火箭工程师都在研究一种新型火箭发动机，它将用甲烷替代传统的液体燃料，为火箭提供动力。

过去半个世纪以来，工程师一般会选用碳氢化合物（比如煤油或氢）和低

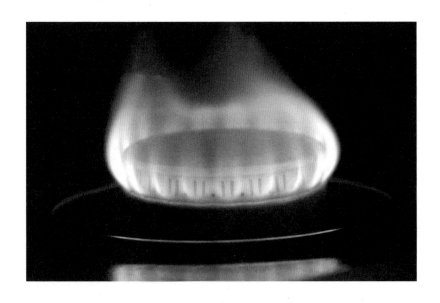

火箭燃料

运载火箭是用煤油、酒精、偏二甲肼、液态氢等作为燃烧剂，用硝酸、液态氮等提供的氧化剂帮助燃烧的。目前研制的火箭发动机多是固液火箭发动机，即在两种燃料中，一种为固体，另一种为液体。两种燃料相遇燃烧，形成高温高压气体，气体从喷口喷出，产生巨大推力，从而把运载火箭送上太空。

温下液化的氧作为火箭的化学推进燃料。但韩国C&Space公司（一家航天技术公司，位于韩国城南市）的戴维·赖斯伯勒（David Riseborough）指出，煤油和氢都有缺点。他说："燃油燃烧产生的煤烟会在发动机表面沉积焦炭，造成堵塞，不利于火箭的重复使用。"氢燃料则需要昂贵的低温储存技术，操作起来十分危险；巨大的隔热储罐还要占用空间，增加火箭的负荷。

火箭上的任何纰漏都将带来灾难，因此火箭设计人员往往非常谨慎，坚持使用技术成熟、经过多次测试的装置和推进燃料。然而近年来，科学家也开始研究其他的替代燃料，甲烷就是其中之一。甲烷的性质相对温和，可以让航天员在太空或其他行星表面更安全、更有效地工作。

与煤油相比，甲烷燃烧释放的煤烟更少，产生的推力却更大。更重要的是，甲烷可以产生更高的比冲。（比冲是衡量燃料燃烧效率的物理量，表示一定质量的推进燃料能够产生多少动力。）

与氢相比，尽管甲烷的比冲略低一些，但它仍有许多优势。液态甲烷更稳定，挥发也更慢。而且，甲烷的储存对隔热措施的要求更低，可以显著减少系统重量。此外，与液态氢的液化温度（–253℃）相比，液态甲烷的液化温度（–162℃）与液态氧的（–183℃）更为接近，这使航天器的设计和操作都更加容易。甲烷燃料的另一个优势是：在未来的载人火星计划中，航天员可以就地取材，利用火星大气的主要成分——二氧化碳——合成甲烷，这有助于减少飞船的尺寸和重量。

在美国国家航空航天局的资助下，几家公司正在积累甲烷发动机的研究和制造经验。美国XCOR航天技术公司（一家火箭制造商，位于加利福尼亚州莫

2006年12月，XCOR航天技术公司的甲烷火箭发动机在地面试验时，喷出了锥状的火箭尾焰。这种发动机也许会用于未来的宇宙飞行。

哈韦沙漠）的理查德·普尔内勒（Richard Pournelle）报告说，他们公司在2006年12月对一台推力为33,340牛的液态甲烷－液氧火箭发动机进行了地面试验。他们的竞争对手——美国KT工程公司（位于亚拉巴马州亨茨维尔市）——也在积极研制甲烷火箭发动机。

2006年3月，C&Space公司的工程师测试了一种甲烷－氢发动机，它可以产生88,906～133,358牛的推力。这种发动机是在俄罗斯专家的协助下设计完成的，可以将500千克重的卫星送入地球低轨道，发射费用约为每千克4409美元（仅为目前正常发射费用的20%左右）。这种装置还可以推动未来的亚轨道观光飞行器（一种在大气层外执行抛物线飞行，并不环绕地球运行的载人航天器，主要用于太空观光旅游），或者用作第二级火箭的推进器。赖斯伯勒说："我们相信，甲烷可以大大缩短宇宙飞船的发射周期。"

　　虽然甲烷燃料的应用前景诱人，但发展道路绝不会一帆风顺。以日本宇宙航空研究开发机构联合几家风险投资公司合作研发的"银河快车"火箭为例，其二级火箭发动机设计用甲烷作为燃料，整个计划已经因为研发费用超过预算数亿美元而被推迟。

超声速
脉冲爆震发动机

撰文 | 史蒂文·阿什利（Steven Ashley）
翻译 | 王栋

科学家正在对脉冲爆震发动机进行研发，争取在未来一二十年内，将它应用在多种类型的航空器上。

1944年6月，德国首次成功试射V–1导弹。大约一年后，这种简陋而原始的巡航导弹就频频侵扰英国和比利时的城市与乡村。它带着令人恐惧的"嗡

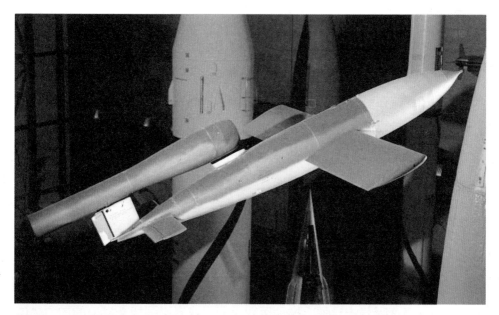

德国的V–1导弹依赖于脉冲喷气发动机。能让燃料更加快速燃烧的类似发动机，可以提供更好的性能和燃料效率。

嗡"声，毫无目标地狂轰滥炸，没有人知道死亡和毁灭会在何时何地到来。推动这种"嗡嗡作响的炸弹"的脉冲喷气动力装置结构简单，但噪声巨大、耗油量惊人。如今，工程师正在对它进行细致的分析和改进，试图利用同样的技术原理，研制出较轻的、功能更加强大的发动机。这种发动机由反复的冲击波驱动燃烧循环来提供动力，效率更高。在未来一二十年内，这种脉冲爆震发动机也许就能被应用在多种类型的航空器上。

在美国纽约州的尼斯卡于纳，纳伦德拉·乔希（Narendra Joshi）领导着通用电气公司的一个研究小组。他介绍说，脉冲喷气发动机是结构最简单的航空发动机。除了没有活塞外，这种发动机在很多方面都类似于普通汽车发动机中的燃烧室。它的基本运作原理是：一段短金属管的一端安装有一个注入阀，在注入阀的控制下，一定量的加压燃油和空气能以很高的频率被反复注入金属管，混合成为可燃气体，并用火花塞点燃。普通燃油燃烧后产生的膨胀燃烧气体，飞快地从金属管的另一端冲出，从而产生推力。接着，这一过程立刻被重复，1秒钟要进行50次循环——这个频率正是V－1导弹臭名昭著的"嗡嗡"声的来源。虽然脉冲喷气发动机是一种简单高效的推进装置，但是它对燃油的燃烧相当缓慢且不充分，燃烧效率低下。

不过，如果注入的燃油和空气被火花塞点燃后，产生的火焰前锋能够在混合气体中加速，在经过一段较长的金属管后，燃烧推进速度就可以达到大约5倍声速。这种高效率的超声速反应过程能使燃烧迅速且充分，可以说混合气体实际上是发生了爆炸。这样，同样数量的燃料就可以产生更大的推力。在这种脉冲爆震发动机中，爆炸的时间间隔为几十毫秒，比脉冲喷气发动机的工作频率高1倍以上。

过去十多年来，研究人员通过计算机模拟这一复杂的燃烧过程，并将得到的结果与实验室测试进行比较，已经对脉冲爆震的基本物理过程有了更多的了解。与此同时，工程师扩展了此类研究，开发了一种脉冲爆震原型发动机，它可以驱动超声速吸气式导弹，推动运载火箭，或者增强战斗机上的加力燃烧室。但是，美国西雅图普惠发动机公司的工程经理加里·利德斯通（Gary

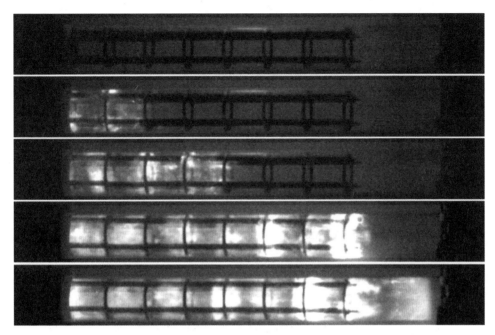

燃料在金属管中燃烧加速达到超声速，就能从同等数量的燃料中获得更多的能量。

Lidstone）认为，复合式涡轮脉冲爆震发动机才是真正令人激动的目标。在这种发动机中，脉冲爆震管取代了中心压缩机和燃气涡轮燃烧室。这样的设计可以使高涵道比涡轮风扇发动机的燃油效率明显提高，同时还能降低燃烧室产生的钻机一般的噪声。

普惠发动机公司的工程师已完成了对脉冲爆震燃烧室的测试，在一段直径为5厘米的管腔内成功进行了喷气燃料的燃烧，甚至在受到模拟的、下游涡轮产生的背压的影响下，测试也取得了成功。在美国国家航空航天局和美国空军的支持下，普惠发动机公司正加紧评估该技术在一种复合式发动机中的应用。与此同时，

涵道比

涡轮风扇发动机的涵道比（也称旁通比）是不经过燃烧室的空气质量与经过燃烧室的空气质量的比例。早期的涡轮风扇发动机和现代战斗机使用的涡轮风扇发动机涵道比都较低，现代民航机的发动机的涵道比通常都在5以上。涵道比高的涡轮风扇发动机耗油较少，推力却与涡轮喷射发动机相当，运转时也要安静得多。

通用电气公司的乔希研究小组正在制作一个脉冲爆震燃烧室，它由三个直径为5厘米的空管组成。研究小组为它配备了一台直径为15厘米的100马力涡轮机，这其实是一架A－10"疣猪"攻击机的燃油机启动器。

乔希提醒说，仍然有许多难关有待攻克，比如研发一种超高强度的快速作用阀及相应的控制系统，研制一些能承受脉冲燃烧带来的高度机械疲劳的部件，制造能被安装在标准尺寸涡轮里的燃烧管等。但如果工程师能够克服这些困难和障碍，复合式发动机也许就能把燃油消耗量减少5%以上，每年为航空公司节省数百万美元的燃油费，还能减少二氧化碳的排放。这些优点一定会让所有的航空业内人士心动不已。

可观的附加效益

除了用来驱动航空器外，工程师们还把脉冲爆震发动机的基本原理应用到了衍生产品的制造上。他们设计出一种设备，用来清除阻塞在工业锅炉导热管内很难去除的水垢。普惠发动机公司的Shocksystem和通用电气公司的Powerwave+，都用脉冲爆震产生的冲击波来清除顽固污渍。

太空中的斯特林发电机

撰文 | 马克·沃尔弗顿（Mark Wolverton）
翻译 | 王栋

美国国家航空航天局打算利用200年前的一项技术，开辟太阳系探索的新时代。太空中的斯特林发电机具有高效和便宜的重要优势，有望成为驱动下一个太阳系探索时代的主要动力。

30多年来，美国国家航空航天局的深空探测器，使用的都是放射性同位素温差发电机，这是一种利用钚238衰变产生温差进而发电的装置。现在，美国国家航空航天局正在考虑放弃这种笨重、昂贵且效率不高的发电机，用一套新的发电系统取而代之。这套新设备使用更少的放射性燃料就能产生更多的能量，它所采用的技术实际上源于19世纪的一项发明。

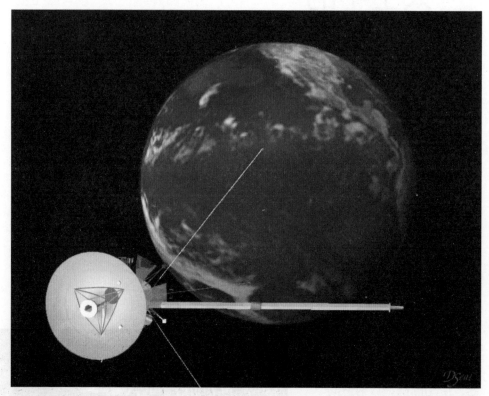

目前的深空探测器，比如这幅画中正在飞越地球的"卡西尼号"土星探测器，使用的动力系统都是放射性同位素温差发电机。美国国家航空航天局计划用斯特林发电机替代放射性同位素温差发电机，前者所需的放射性燃料仅为后者的1/4。

　　1816年，一位满脑子天才想法的苏格兰牧师罗伯特·斯特林（Robert Stirling）发明了斯特林发动机，并取得了专利。这种发动机的结构很简单：将一冷一热两个气缸中充满"工作流质"（通常是空气、氦气或氢气），再用一个热交换器连接起来，便大功告成了。两个气缸间温度和压强的差异，使工作流质膨胀或收缩，循环往复地穿过热交换器，推动活塞运动。因此，这个过程可以将热能转化为机械能。在美国国家航空航天局的新装置中，热源由放射性衰变提供。

　　美国华盛顿特区美国国家航空航天局总部太阳系探索项目负责人之一戴夫·莱弗里（Dave Lavery）介绍说："实际上，在过去的近30年里，我们一直在研究斯特林发动机，现在我们已经准备就绪，可以向前迈出下一步了。"

洛克希德·马丁公司对一台工程测试样机进行了组装，这种装置被称为"先进的斯特林放射性同位素发电机"。发电机内部的两个斯特林转换器，驱动一台直线交流发电机中的活塞，每秒能够产生大约100焦耳的电能。这个装置长不到0.9米，宽约0.3米，小得可以放进超微型轿车的后座。它的重量也刚刚超过18千克，比普通的放射性同位素温差发电机轻了一半以上。斯特林发电机的能量转换效率高达20%～30%，与放射性同位素温差发电机只有6%～7%的效率相比，同样值得夸耀。斯特林发电机所需的同位素燃料也只有放射性同位素温差发电机的1/4。

对太空飞行来说，这些特性可以直接转化为重要的优势。由于斯特林装置重量更轻，因此发射费用更低，也让太空飞船能够携带更多的有效负载。同样，对放射性燃料需求量的减少（从放射性同位素温差发电机的9千克减少到斯特林装置的2.3千克），在节约花费的同时，还显著降低了安全风险，特别是减少了运载火箭升空时发生爆炸这种最坏情况所造成的污染风险。美国国家航空航天局十分重视公众对放射性安全的担忧，正如莱弗里所说："对于任何涉及核能的设备，我们都会严格执行《美国国家环境政策法》的相关规定。"这项法案要求，美国国家航空航天局在最终决定执行任何一次发射任务之前，都必须搜集并认真研究公众意见。

美国国家航空航天局格伦研究中心热能交换分部主管理查德·沙尔滕斯（Richard Shaltens）解释说，一旦洛克希德·马丁公司完成了初步测试，格伦研究中心就将对斯特林装置进行更广泛的评估测试，使它尽快适应太空飞行的要求。他还指出，在累计超过10万小时的各类环境模拟实验测试中，斯特林发电机"表现出来的性能符合预期，其使用寿命也可能（比放射性同位素温差发电机）更长"。

美国国家航空航天局对斯特林放射性同位素发电机很有信心，他们甚至邀请空间科学界为斯特林发电机量身定制概念型行星探测任务。莱弗里表示，这种发电机的候选任务包括飞向外行星、载人登月或登陆火星等。莱弗里说：

"斯特林发电机的整体设计是为了同时适应各类环境，包括深空行星际环境和行星表面大气或真空环境等。"

最终，斯特林发电机也许会彻底淘汰放射性同位素温差发电机。莱弗里预计，斯特林发电机"将开创一个（放射性同位素动力系统）新家族，比我们现有的动力方案高效得多，也便宜得多"。即便是聪明绝伦的斯特林本人，恐怕也压根想不到，自己的一项巧妙发明会成为驱动下一个太阳系探索伟大时代的主要动力。

突破
无线电黑障

撰文 | 马克·沃尔弗顿（Mark Wolverton）
翻译 | 庞玮

航天器重返大气层时的通信黑障问题受到了美国空军的关注，如何让再入大气层的航天器和10马赫飞行器不再受无线电黑障的困扰成为了最终要攻克的问题。

航天器重返大气层时会发生令人担忧的通信黑障，给早期太空探索平添了一丝紧张，其中最令人揪心的，或许是伤痕累累的"阿波罗13号"返回途中的那一段无线电静默。即便到了今天，美国空军研制的新型飞行器和武器系统仍然会受到黑障的困扰，他们希望能够找到刺穿黑障的方法。

高速飞行的物体会加热前方的空气，将它们电离成等离子体，而无线电无法穿透等离子体，于是就会发生黑障。与飞机速度达到1马赫（航空航天领域常用的速度量度单位，是指物体速度与所处环境中声速的比值）突破声障时产生激波类似，再次进入大气层的航天器和超高声速飞行器在速度达到10马赫时，也会形成等离子体激发区。航天器能避免黑障的影响，

黑障

航天器的返回舱在以超高速进入大气层时会产生激波，使返回舱表面与周围气体分子呈黏滞状态，温度不易散发，形成一个温度高达几千摄氏度的高温区。高温区内的气体和返回舱表面材料的分子被分解和电离，形成一个等离子体。它类似一个套鞘包裹着返回舱。等离子体能吸收和反射电波，会使返回舱与外界的无线电通信衰减，甚至中断。这种现象被称为黑障。

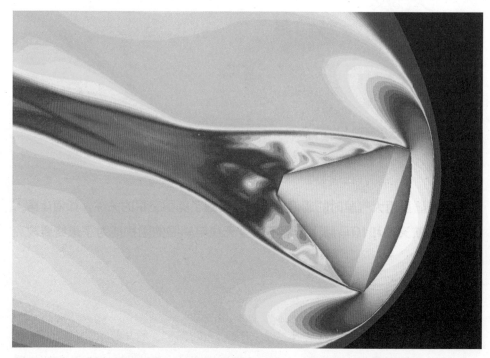

滚烫的归途：计算机模拟显示了一个空间返回舱在重新进入大气层时产生的热流。

那是因为它底部宽大的外形能在身后的等离子体流中形成空洞，通信和遥测信号从空洞中传出，再通过全球卫星网络传回地面。但是，小型飞行器会被等离子体包裹得滴水不漏，因而无法避免黑障。

这个问题引起了美国空军的关注，因为他们计划开发的飞行系统中可能包括高超声速的导弹、侦察飞行器，甚至还有时速可达10马赫的载人飞行器。美国爱德华飞行测试中心的研究员查尔斯·琼斯（Charles H. Jones）解释说："（在测试和评估领域）我们的标准做法是，飞行器在天上飞，人员在地面上遥控，遥测数据从飞行器传回地面，让人能够监测飞行器。"黑障会切断测试飞行器与地面的联系，不仅如此，某些时候测试飞行器偏离测试计划时，黑障还会阻碍地面向飞行器发送自毁信号。

另一个关注重点来自卫星导航信号。美国马里兰大学航天工程师、美国空军前任首席科学家马克·刘易斯（Mark Lewis）指出："军队现在对全球定位

系统（GPS）越来越依赖了。"美国空军科研部资助的2006年波士顿会议专门研讨了黑障问题，在会议的最终报告中，刘易斯写下了他所认同的观点："接收GPS信号是最关键的能力，为此我们必须找到解决办法……GPS也是最难解决的问题，因为信号本身就很微弱。"

琼斯有关黑障问题的呼吁，过去一直处于无人理睬的状态。他指出，"10马赫的设计（当时）并不常见"，所以"对很多人来说，这不是一个亟待解决的问题"。但随着更高速飞行器设计的出现，被他称为"等离子超声速"的10马赫大关开始被人触及，黑障现象也引起了越来越多的关注。

在2006年波士顿会议上冒出的点子并不少，包括：调整飞行器设计参数，最大程度地减小产生的等离子体"外罩"；在飞行器前端加装一根"空气针"，刺穿到等离子体外；寻找不受等离子体影响的频率段；用超大功率的信号收发器强行突破等离子体层；把一种能够结合电子的物质（很有可能是水）

喷洒到等离子体中，干扰等离子体的形成。还有一些更加奇怪的想法，需要利用高功率激光器，或者让飞行器抛出一系列微型中继设备，类似于用漂流瓶来传递信息。

尽管上述所有的解决方案在理论上都可以实现，但刘易斯指出："现在的问题是，从工程技术角度来看，这些想法是否可行。"喷水的想法早在20世纪60年代就在美国的双子星载人航天计划中尝试过。但要达到实际效果，飞行器必须喷出大量的水，远远超过实际上可能携带的水量。

不过"喷水方案"的一个改进版本却显示出很强的竞争力。这个方案利用一种烧蚀材料制作飞行器表面的隔热层。高温下这种材料会部分汽化，产生能够结合电子的物质，进而"中和"等离子体。琼斯说："从技术层面来看，这似乎是最简单的方案。"与此同时，刘易斯觉得自己应该彻底放开思路。他说："我们还有很多种方案可以探索，我觉得现阶段应该把所有方案都考虑进来。"琼斯也指出，要想实现所有预期的应用，最后很可能要把多种技术结合在一起。

琼斯总结说，眼下大家达成的共识是，"我们没有足够的实验数据来对这些方案进行筛选"。研究一个在很多人看来还属于长远问题的课题，很难得到经费支持。尽管流体力学数值模拟和风洞实验能提供一些关键线索，但实际方案可能要求进行飞行测试，这就需要大把地花钱。

无论如何，工程技术人员最终都要克服高超声速下的黑障问题。琼斯说："我可不想看到一架速度达到15马赫、说不定还全副武装的无人飞行器，不受地面控制地在天上乱飞。"想象一下，一架不受控制的飞行器以大约每小时16,000千米的速度在天上呼啸而过，你就明白琼斯可不是在开玩笑。

无人机
来袭

撰文 | 约翰·维拉塞诺（John Villasenor）
翻译 | 王栋

无人机改变了战争模式，但也有落入非法分子手中的危险。即使我们采取一些方式努力防止无人机来袭，这种危险也依然存在。

无人机种类繁多：有些与商用飞机一样大、一样快，有些就像飘浮在空中的飞艇，不断扫描监视着下方区域；还有些就像轻快的小鸟和昆虫，悄无声息地掠过天空，神不知鬼不觉地拍照录像，然后携带着情报自动返回降落。

无人机已经改变了战争模式。它使用几乎无法被探测到的平台，可以获取数量空前的航空影像，甚至还能对目标实施打击，却不必将飞行员置于险地。但是，如果你认为无人机只会用于战争，则太过天真了。随着它们变得越来越小，越来越多，越来越便宜，无人机终将落入敌对国家，甚至非法分子手里。如果不这样想，就是无视军事科技历史。很多国家都在研发、部署和推销自己的无人机。预计在未来十多年里，全球用于无人机的军费开支将达到1000亿美元。

如果某个恐怖组织在美国本土使用无人机，那将极难被发现。无人机能够飞越障碍物，而不会被普通雷达系统探测到。由于无人机可以方便地被放在轿车后备箱内或背包里，实际上无人机能从各种场所被发射。

我们或许还须提防某些机构或公司，他们可能使用无人机来偷窥我们的生活。1986年，美国联邦最高法院裁定，允许执法机构使用无人机来侦查无法用其他途径发现的大麻种植园，因为这种侦查是在所谓的"公共通航空域"内进行的。这或许意味着，美国政府会乐于扩大无人机的使用范围，从而进行更广泛的监控。

而且，要想限制非法分子获取无人机也是非常困难的，因为小型无人机所使用的核心设备（例如超微型摄像机、视频处理芯片和高速无线通信系统）都能够以低廉的价格在消费类电子产品市场上买到。

但这并不意味着我们就束手无策了。我们可以在无人机上设置自毁程序和隐藏的追踪软件，一旦它们失踪，它们就会自毁或发送定位信息以协助搜寻。我们可以联合地方法规和国际防止武器扩散行动，就能够降低无人机落入非法分子手里的可能性。我们还可以为特定政府机构所在的建筑或地区安装上某些设备，用于探测无人机，并能以电磁或其他方式击毁低空飞行的无人机。然而，即便采取了这些方式，我们将来也可能无法高枕无忧了，因为我们头顶的天空同样会有无人机来袭的危险。

新型灯具助宇航员入睡

撰文 | 凯蒂·沃思（Katie Worth）
翻译 | 高瑞雪

新型灯具可以解决太空里宇航员的睡眠问题，帮助宇航员更好地入睡。

换个灯泡需要多少美国国家航空航天局的工程师？

这个问题并不是句笑话，美国国家航空航天局投资了1140万美元，要更换国际空间站美国部分的老化日光灯。当换灯泡被纳入日程时，医生们意识到，解决宇航员失眠问题的机会也随之来了。

在地球上，睡眠不足导致迷迷糊糊只是件恼人的事，但在太空里却十分危险。美国国家航空航天局的卫生官员、空军军医史密斯·约翰斯顿（Smith Johnston）说："虽然日程安排允许宇航员拥有每天8.5小时的睡眠时间，但实际上他们平均只睡了6个小时。"身体浮动、噪声、变化不定的温度、空气流通不畅、头疼背痛以及每90分钟就有一次的黎明，诸多因素结合在一起扰乱了人体的昼夜节律。美国国家航空航天局希望，新型灯具的使用，至少能解决一部分问题。

褪黑素是一种重要的睡眠调节激素。睡眠科学家发现，当眼睛里的光感受器暴露在特定波长的蓝光中时，大脑就会抑制褪黑素的产生，我们会更加警觉。与此相反，红色光会使褪黑素增多。

波音公司的高级管理人员戴比·夏普（Debbie Sharp）介绍，他们公司开发了一种新型灯具，将100多个五颜六色的发光二极管灯泡包裹在一个透光罩里，使其看上去就像是发出一片白光。这种灯有三种模式，每种模式在色调上有着微妙的不同：白色光用于通常视物，偏蓝光提升警觉性，温暖的偏红光则引人发困。波音公司和其分包商在2015年交付了20盏这种新型灯。

这段时间，哈佛大学医学院和托马斯·杰斐逊大学等研究机构的科学家正在测试这种灯的效能。

这项技术也许有朝一日也会在地球上普及，用于照亮病房、核潜艇、工厂或教室。"虽然长期以来，全世界都习惯了使用日光灯，但我们不能因此就认为日光灯是最好的。"研究合作者、哈佛大学的伊丽莎白·克勒曼（Elizabeth Klerman）说。

新材料让火箭引擎更耐高温

撰文 | 普拉奇·帕特尔（Prachi Patel）
翻译 | 颜磊

科学家和工程师从尼龙搭扣中得到灵感，发明了新型纤维，它能够使火星探索飞船的引擎耐受更高温度。

火箭引擎内部温度非常高，这样的高温足以熔化钢铁。而未来的引擎需要达到更高的温度，因为更高温的引擎意味着更高效，能产生更强推力，运载更多货物。对火星探索飞船和更好的飞机来说，这些性能也至关重要。

为了让火箭引擎耐受更高的温度，工程师试图发明坚固且轻巧的碳化硅纤维复合材料，将比头发丝还细的碳化硅纤维嵌在陶瓷介质中。碳化硅能经受住2000℃的高温，这是新引擎的理想温度。目前的做法是，将碳化硅纤维编织物分层，在空隙中填充多孔的陶瓷。不过这种令人惊叹的复合材料在引擎的高压下会开裂，因为纤维之间会滑动，并把陶瓷挤出去。

美国赖斯大学和美国国家航空航天局格伦研究中心的科学家对此进行了改进。他们制造了"毛茸茸"的碳化硅纤维，其表面就像尼龙搭扣的微观版本。《应用材料与界面》报道了这种纤维，它们的绒毛互相缠结，将彼此牢牢锁住，如此一来纤维就很难滑动，不会将陶瓷材料挤出。

为了制造这种材料，研究人员首先在碳化硅表面培养出卷曲的碳纳米管，它们就像卷发一样。然后他们将这些纤维蘸上超细硅粉，并进行加热。这使碳纳米管转化成了碳化硅纤维。研究人员将这些绒毛纤维填入透明的、富有弹性的塑料中，以测试它们的强度。结果显示绒毛纤维的强度是光滑纤维的4倍。

绒毛纤维：碳化硅纳米管（右图）或将使火箭引擎更耐高温。

美国国家航空航天局工程师、研究的合作者珍妮特·赫斯特（Janet Hurst）称，研究团队目前想测试新的卷曲纤维在陶瓷介质中的表现。他们还想用卷曲的氮化硼纳米管覆盖纤维的表面，因为氮化硼除了强韧，还能抵抗氧气对纤维的损害。

碳化硅纤维非常强韧，不容易横向折断，但在高压下可能会纵向裂开。康涅狄格大学材料科学研究所的主任史蒂文·苏伊布（Steven Suib，未参与这项研究）认为，新的纤维能够耐受这种损伤，因为那些软软的绒毛能够分散压力。

话题四

牵动人心的
国防科技

当代科技革命渗透进了人类社会的方方面面，军事国防也不例外。历史上很多新的科技发明往往从国防科技的研究和使用发端。国防科技成为推动科技变革的先行者，世界各国都将科技的成果首先应用于军事领域，因此国防科技具有技术密集和更新迅速的特点，颇受人们关注。

强化
甲胄

撰文 | **史蒂文·阿什利（Steven Ashley）**
翻译 | **阿沙**

为了消除战事升级带来的威胁，装甲系统也需要不断升级。研究人员把多种新型的材料应用到了装甲上，以便在战争中给军队提供更好的保护。

防御起来！

电磁装甲或许是目前防弹系统研究中最具未来色彩的。工程师正在研发可以抵御聚能弹的武器，比如便携式火箭推进榴弹发射器。通过预设式点发，一枚精确导向的熔铜喷射弹便可发射，进而穿透很厚的金属或陶瓷装甲。目前的装甲——表层配有可以阻止喷射弹进入装甲的爆破装置——笨重且只具有一次性防御力。

相对而言，一旦电磁装甲系统探测到一枚即将到来的射弹，便会迅速生成一个强电场，而强大的磁场使高速热喷射弹的粒子发生偏转，破坏弹头的目标性。或许用不了几年，电磁装甲便可问世，而这需要开发提供能量的轻型能源。

一段视频展现了伊拉克战争场面：装甲车团的护卫队正在沙尘弥漫的堤道里巡逻；突然，震耳欲聋的爆炸声次第响起。通常，紧接着的便是一场有预谋的伏击。随着时间的推移，游击队逐步提高他们埋设在路边的炸弹、自杀性袭击和突袭的杀伤力。2006年，美军计划调遣一批能为车队和人员提供更好保护的新型装甲系统。

位于美国佛罗里达州杰克逊维尔市的美国装甲控股公司是一家安全产品制造企业。公司技术总监托尼·拉塞尔（Tony Russell）说："终结多样化的、不断升级的武力威胁是个艰难的课题。我们所开发的安全系统必须既能抵御反复出现的穿甲弹袭击，又可防御爆炸产生的碎片以及超高压冲击所带来的破坏。同时，不论哪种材质——金属、合金或陶瓷——都在这些花样迭出的破坏性袭击前无法'独当一面'。"此外，这种装甲还必须尽可能轻。拉塞尔说，成功的解决方案通常是综合多种不同材质，获得完美的性能。

装甲研发所取得的明显进展之一，是新开发出了超高硬度钢。这种合金钢比当时世界上最硬的高碳钢还要硬20%，不过，它的质地很脆，被撞击时更易碎裂。拉塞尔说，美国装甲控股公司已经引进了一种被称为UH56的最优化钢材，它"坚硬得能使射到它上面的穿甲弹粉身碎骨，但同时又拥有足够的强韧度来承受若干次射击"。此外，UH56还比它的同系列UHH同胞们具有更好的可塑性。目前，这些强化钢正被大量应用到美国轻型装甲车辆的制造中。

同时，研究人员正致力于开发应用于装甲车窗的更优质的透明材料，该材料由多重材质、叠片结构的复合玻璃特制而成。由于新的威胁不断迫近，美国代顿大学研究学院的罗恩·霍夫曼（Ron Hoffman）解释道："我们采取的对策是为复合玻璃再增添一种新型材质层。"但是，额外的玻璃层将导致装甲车头重脚轻、燃料过耗以及行速缓慢。

一个可行的解决方案是采用更有效的氮氧化铝——一种由美国陆军和空军联合开发、质地坚硬、像蓝宝石般的材料。霍夫曼指出，氮氧化铝具有更强的防弹能力，却比传统玻璃防弹装甲几乎轻1/2，也薄1/2。

实际上，氮氧化铝已被研发多年，但它高昂的生产成本以及应用于装甲车窗时相对有限的尺寸这两大难题一直悬而未决。美国马萨诸塞州伯灵顿瑟莫特陶瓷公司的工程师，改良了氮氧化铝防弹材质的生产工艺，例如加热、压缩氮氧化铝粉末，以制作更大尺寸的整块材料，同时显著降低这种新型防弹装甲的生产成本。然而，这种"透明"陶瓷每平方厘米1.5～2.3美元的成本价格，仍比每平方厘米0.45美元的军用级防弹玻璃贵出不少。

防弹铠甲也将有一些明显的强化。标准版的防弹衣通过内镶硬陶瓷嵌片来强化防御力，它们厚重庞大，但比今天的轻型防弹衣具有更好的防弹性能。另

　　一种备选的防弹衣为多层织物结构，由纤维B及其他高强度纤维密密织成。然而，一种称为液体装甲的新技术或许不久将取代它们，成为新宠。

　　液体装甲是指"在防弹织物中灌入一种剪切增稠流体"。美国特拉华大学化学工程师诺曼·瓦格纳（Norman Wagner）说："这种物质可以在遭受打击之后不到1毫秒的时间内，暂时变得僵硬起来。"剪切增稠流体是由瓦格纳的研究团队和位于美国马里兰州阿伯丁市的美国陆军研究实验室的一个小组共同研发的，后者由埃里克·韦策尔（Eric Wetzel）领导。剪切增稠流体是坚硬的纳米颗粒（通常是硅或沙）悬停在一种非挥发性的液体（例如聚乙二醇）之中而形成的混合物。尽管这种液体只令防弹织物增重了大约20%，但却大大增强了织物抵御高速弹片穿刺的能力。韦策尔解释说，这种液体还能将冲击能量传递给更大范围的防弹织物，从而减轻钝性损伤的效果。

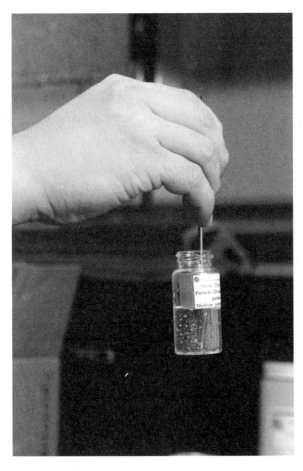

当有物体从其中穿过时，这种液体会立刻变得黏稠起来，一小瓶液体因此可以被提起来，纤维B的防弹能力也就随之增加。

铪弹
骗局

撰文 | 丹尼尔·杜邦（Daniel G. Dupont）
翻译 | 施劼

"伪科学"项目早已在一些美国政府机构中"安营扎寨"。虽然这类项目受到科学家的反对和谴责，但美国军方对这类项目仍很重视。这些"幻想中的武器"已经耗费了美国军方巨额的经费。

反物质武器。心灵力量的隔空移物。能将宣传演说定向发送到毫无防备的敌人脑中的"千里传音"微波武器。能发起一次核攻击的手榴弹。

对于大多数科学家而言，这些话题过于标新立异，无法成为他们近期关注的研究热点。尽管他们持反对态度，上述或其他种类的"伪科学"项目，早已在一些美国政府机构中"安营扎寨"，并将一些未来超级武器的虚假希望，灌输给那些没有学过物理的政策制定者。

就拿所谓的铪弹来说吧，它又被称为同质异能素弹。据它的提议者介绍，这是一种极其先进的未来武器，它能利用所谓"同质异能素"的亚原子粒子中的巨大能量，小小一包就能释放出1000吨TNT当量的威力；另一些人则说，同质异能素能使功率强大的激光武器的威力更上一层楼。

几十年来，一些基于同质异能素的武器概念一直相当活跃。它们的基本观点在于，人们可以通过某种方法，使同质异能素（即具有一些受激质子的元素）发生衰变，并释放出巨大能量，这种能量可触发其他原子的核聚变。不过，直到1988年，这种想法才真正引起了人们的关注，当时一位主要提议者声称，他已经用一台牙科X射线机，成功地"触发"了铪元素的一些同质异能素

根据一种靠不住的"同质异能素"炸弹理论，手榴弹可能总有一天会拥有1000吨TNT当量的威力。

释放能量。

　　科研人员严正指出这些结果是不可靠的、虚假的，甚至是不可能的，他们甚至使用威力强大得多的激光器也无法重复这项实验。一些批评家也指出，即使能被成功触发，铪也还是不能用于制造武器，充其量只能用于生产一种放射性炸弹，即"脏"弹。但科学家并不能阻止美国军方认真考虑和研究铪弹，以及为此提供资金。单单这种铪弹，就耗费了美国国防部1000多万美元。

　　沙伦·温伯格（Sharon Weinberger）是一名资深的国防记者，曾撰写了《假想的武器：五角大楼地下科技世界巡礼》一书。在这本2006年6月出版的书中，她披露了这类武器的研制内幕。她将美国军方一直持续不断地研究铪弹，描述为"一个关于政府官员自欺欺人并自觉自愿地相信并不存在的威胁的故事"。美国军方试图利用这种幻想中的武器，来对付虚构的威胁。

按照温伯格和其他人的说法，五角大楼从事"伪科学"课题研究的一个原因应归结为美国军方预算的巨大数额——每年约5000亿美元，这笔预算为数不胜数的研究计划提供资金，一些资金需求量较小的计划很容易躲过监管；另一个原因是美国国会的资金调拨，立法者会在批准支出的款项中抽取一部分金额，用来回报选民。这些资金几乎不会有人来监管，甚至能为最不可思议的项

目提供支持。

前五角大楼顶级武器检验员菲利普·科伊尔（Philip Coyle）为美国防务情报中心工作，这个中心是位于华盛顿特区的一个监察组织。他评论说，许多立法者和工作人员"的确不了解这些技术"。他还补充说，这种无知可能会催生"很多标新立异的'伪科学'项目"。

史蒂文·阿弗特古德（Steven Aftergood）负责美国科学家协会政府保密项目计划，他说，大量保密因素掺杂进来，更促进了"伪科学"项目的泛滥。在"9·11"之后的安保环境中，越来越多的研究项目被划到保密类，只有极少数人能获得批准来管理这类项目。他说："保密使资金提供者不会受到独立审查，并且他们用不着为其中一些计划泄密而感到难堪。"

阿弗特古德指出，2004年美国空军对于心灵移物所做的一项研究计划，也就是他口中的"星际旅行式远距离传输"，便是保密成为这类项目保护伞的一个例证。阿弗特古德说，因为给"几乎普遍认为在物理上站不住脚的"东西提供资金，美国空军受到大量批评。他还说，只有在这个项目计划曝光之后，人们的批评才不断出现。他认为："如果资金调拨的过程更透明一些，那么纳税人可能就会省下这笔费用。"

对于这些研究支出，美国空军辩解说，为了以防万一，他们需要对每一种情况都加以调查。批评者们对这种辩解不以为然，其中就有美国加州理工学院的史蒂文·库宁（Steven Koonin）教授。他是20世纪90年代末五角大楼铪弹问题评审小组委员会的委员，在温伯格的书中，他说："这并不足以让美国空军'脱离困境'，这只是他们强词夺理，试图摆脱困境罢了。"

安全防御
出新招

撰文 | **戴维·别洛（David Biello）**
翻译 | 施劼

在各国和恐怖分子的斗争中，一些技术性的措施被不断提出，但水平再高的技术都无法确保安全。有专家提出，加强安全保卫强于更好的技术。

造访白宫与准备登机不同，除了行李需要通过X射线机的透视、访客需要通过金属探测器的检查之外，白宫的检测装置还多用了一些技术，特别是所谓的反向散射X射线技术。采用这种技术，一些装置就能捕获检测对象反射回来的辐射。相比常规的X射线机，反向散射X射线技术能产生更为详细的影像，甚至能检测出一些有机材料，例如液体炸药等。

随着恐怖分子最新动向被揭露出来，这样一些技术性的补救措施迅速蹿红。不过，这种情况并非首次出现：早在20世纪80年代，反向散射就受到人们的广泛吹捧，人们认为它能防止劫机和其他航空旅行事故的发生。其他一些高科技解决方案则能检测出一系列严重威胁，例如用于人员扫描的毫米波传感器、用于探测鞋子炸弹的四极共振装置、用于精确确定被检对象的化学组成的中子轰击装置等——当然它们的价格也十分昂贵。美国运输安全局至少已安装了100个痕量探测器，专门用于美国的主要机场，以探测衣服、行李或旅客身上各种微量可疑化合物。不过，技术终究不能一劳永逸地解决安全问题。

美国运输安全局的技术主管兰迪·纳尔（Randy Null）解释说："现有的所有技术装置，甚至将来可能开发出来的任何设备，都无法百分之百有效。"美国南加利福尼亚大学恐怖活动风险与经济分析中心主任德特洛夫·冯·温特费尔特（Detlof von Winterfeltdt）则表示："机场的放射性入口检测装置是好东西吗？成本效益分析表明它们的确不错。那么地对空导弹偏转装置也是好东西吗？那就很难说了。"

假如恐怖分子采取在空中制造炸弹之类的伎俩，毫无疑问他需要极高的技术水平和丰富的经验。就拿过去恐怖分子曾经使用过的三过氧三丙酮来说吧。制造三过氧三丙酮时，必须对浓缩的过氧化氢、硫酸和丙酮加以混合，这个过程需要不停地进行冷却。否则，在混合时，这些液体将发生爆炸，尽管威力不大，却足以炸死那名恐怖分子，但不足以摧毁一架飞机。即使一颗炸弹在飞机上被引爆，它也可能无法发挥恐怖分子预期的威力。1988年，阿洛哈航空公司243航班在7300米高空发生了与机身结构有关的爆炸性减压，前半部分机身被撕裂了一大块，而机上的大部分机组人员和乘客却在这次事故中幸免于难。

为了更好地利用有限资金，我们应将工作重点放在那些有可能变成恐怖分子的人们身上。布赖恩·迈克尔·詹金斯（Brian Michael Jenkins）是兰德公司（美国研究与发展公司）的资深顾问和前白宫航空安全保卫小组成员，他说："我们尚未对这种恐怖循环的最初源头制定任何战略，仅仅是努力减弱恐怖信息的传播，设法阻止恐怖分子的招募补充。除非我们能够在这场斗争的其他方面做得更好，否则我们会因为采用头痛医头、脚痛医脚的战略，而遭到谴责。我们将永远这样疲于奔命，而且收效甚微。"

自从2006年8月10日，一起恐怖主义阴谋被挫败之后，安全防御的加强导致许多国际机场的乘客和航班延误，包括上图所示的罗马某奥纳多·达·芬奇机场。

针对恐怖源头的最有效方法，便是监视和渗入，这正是挫败伦敦

恐怖分子阴谋使用的方法（尽管一些专家对抓捕行动的时间安排存有异议，他们认为进一步监视，有可能会查出更多的可疑分子或恐怖分子网络）。监控网站和数据采选也必不可少。威廉·多纳霍（William Donahoo）说，一旦情报人员收集到一些重要的数据资料，那么"他们必须能够将这些节点联系起来"。多纳霍是Cogito分析软件的研发副主管，这个软件已经获得了美国国家安全局颁发的生产许可证。Cogito分析软件的工作方式是，将所谓的节点——人、地点或事件——连接起来，借助它们形成的各种弧线（即相互之间的关系），再根据一些原理，诸如特定节点拥有的关系数目，生成一些假设。当然，这种数据采选并不会比数据本身更加出色。多纳霍补充说："这并不意味着软件可以自动地识别坏人，并将他们抓捕起来。我们只是努力帮助分析人员更好地完成他们的工作。"

　　真正使技术发挥作用的，实际上还是技术背后的人：分析人员、安检人员和警察。例如，美国运输安全局已推出了更好的培训方式。纳尔指出："在过去一年里，我们的确实施了一种强化IED（临时制作炸弹装置）培训。我们在现场摆放一些标准化炸弹组装件，以便警察能将用于炸弹制造的装置和材料找出来。"据美国政府会计责任办公室的一份报告介绍，美国运输安全局还加强了对职员的测试，并且实施了一些在其他国家已被证明有效的新举措，例如利用观察技巧来甄别乘客，查看那些看起来做贼心虚或行为可疑的旅客，并与他们交谈。

美国政府会计责任办公室的国家安全与司法部门主任凯瑟琳·贝里克（Cathleen Berrick）评述说，最好的机场安检措施不在于使用昂贵的技术手段去专门检测某种恐怖袭击方式，比如液体炸药或鞋子炸弹，因为具体的袭击方式很容易改变。她解释说："如果让检查鉴别程序多一些变化，恐怖分子就无法知道怎样应对。任何单一的技术都无法确保安全。"事实证明，采用多种技术对乘客进行随机抽查，要比所有机场在所有时间都使用同样的仪器进行全面检查更有效。兰德公司的詹金斯指出："我们正在落实到位的各种措施是长久性安全防御蓝图的一个组成部分。我们没有可以随时随地保护万事万物所需的足够资源。如果仅从单一技术层面去解决安全防御问题，那是注定要失败的。"

令人放心的航空安全

对于恐怖主义客观风险的深入了解，能缓解人们对航空旅行安全性的过分恐慌和担心。据一些专家推算，即使将"9·11"之类的灾难性事件计算在内，美国人平均每年在飞机或其他地方成为恐怖主义受害者的可能性仅为五十万分之一，而每年因车祸而丧命的可能性大约为1/6500。兰德公司的詹金斯说："每当我的朋友问我'以什么方式出游更安全'时，我就告诉他们，在去机场的路上，开车一定要小心。"

激光武器
即将登场

撰文 | 史蒂文·阿什利（Steven Ashley）
翻译 | 王昊明

固态激光武器将被部署在战场上，摧毁数千米外来犯的炮弹和导弹。激光武器将不再是科幻小说的专利。

致命的反应

美国军方成功研制出了一种强大的激光器——一种通过化学反应提供能量的定向能设备。这种激光器被称为氧碘化学激光器（COIL），它比固态激光器更加强大，输出功率可达数千千瓦。但这些设备都十分庞大，而且储存的反应物一旦耗尽，就无法运行了。不过，国防设备承包商正准备将这种设备安装在飞机上。一架波音747飞机上将安置一套COIL系统（即所谓的"YAL－1A机载激光器"），用于防御空中打击，特别是弹道导弹的攻击。另一架AC－130重型攻击机将配备一套高级战术激光器，用于防御精准的地对空袭击。

激光武器一直是科幻小说中的主力武器。美国好几家国防军工企业的工程师已经成功完成了针对"激光炮"系统原型关键部件的试验。这种卡车大小的激光武器适合配备在飞机、军舰及装甲车上，发射的光束可以在数千米以外摧毁目标。就算中间隔着灰尘和烟雾，激光炮仍然能够准确命中。

输出功率介于数百到数千千瓦的激光器，被称为高功率激光器。按照美国国防部高能激光联合技术办公室（位于新墨西哥州阿尔伯克基市）主任马克·尼斯（Mark Neice）的说法，与传统的击发式武器相比，这种高功率激光器拥有许多优点，"它们可以提供极为精准的光速打击能力，而且几乎不会给目标造成其他的附带破坏"。

过去，人们对激光武器前景的一次次预测似乎都被证明是过于乐观了，这让怀疑论者开始嘲笑激光武器，称它们"是属于未来的武器，而且永远属于未来"。不过这一次，激光武器似乎真的要问世了。尼斯声称："军工企业正准备向军方交付实战型定向能武器（即能在很小的角度内定向传输能量来打击遥远目标的武器，激光武器只是其中一种），它们可以应用于攻击性或防御性军事任务。"

过去几年里，在美国空军、陆军和海军的资助下，美国诺思罗普－格鲁曼公司、德事隆公司、雷神公司和劳伦斯利弗莫尔国家实验室的研究人员在大型固态激光器的研究领域成绩斐然。这些激光器直接依靠电能运转，连接到车载发电机、燃料电池或电池组上之后，一台平均输出功率超过100千瓦的固态激光器，便会拥有近乎"无限"的弹药。利用这些廉价的"弹药"，激光武器可以在5～8千米以外，击毁来袭的火箭和导弹。这些激光武器还能让敌方的光电及红外线战场探测设备失效，并让步兵在安全距离以外执

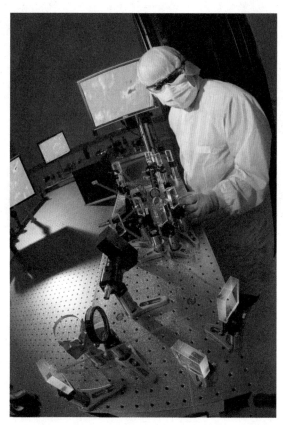

在美国诺思罗普－格鲁曼公司的实验室里，研究人员正在测试固态激光器。如果这种激光器的输出功率高于100千瓦，它就可以制成激光武器，帮助步兵击毁来袭的迫击炮弹和火箭。

行排雷和引爆炸弹的任务。

这种高能设备的核心是增益介质——一种能够增强激光能量的物质。在DVD播放器和其他消费类电子产品的激光二极管中，半导体层充当着增益介质的角色。诺思罗普－格鲁曼公司定向能技术及产品负责人杰基·吉什（Jackie Gish）解释说，在大型固态激光器中，增益介质是边长几厘米的立方体（也有长方体）。这些增益介质由坚固的陶瓷材料构成，比如掺有稀土元素钕的钇铝石榴石。通常情况下，增益介质的尺寸越大，输出功率也就越大。

德事隆公司应用技术副主管约翰·博内斯（John Boness）说，每个研究团队都采用了不同的方法将多个增益介质连接在一起，由此产生的"激光链"的输出功率可达数十千瓦。工程师预计很快就能让这些激光链有序地依次发射，或者同时发射，让输出功率达到100千瓦，以满足军事激光应用的入门级要求。尼斯则指出，激光器还要满足其他一些关键性能指标，比如连续运转时间高于300秒（以满足多次激光发射的要求），光电转换系统的能量转换效率不低于17%。最重要的是，光束"质量"必须合格（其实就是聚焦问题），以确保有足够的光子命中目标，加热目标的表面，从而摧毁目标，或使目标失效。

如果增益介质产生的激光能够满足以上要求，它们应用于实战也就指日可待了。博内斯指出，成功的关键在于，将它们结合成有效的武器系统，并实现小型化，以便安装在合适的交通工具上。此外，一台大型固态激光器还需要一套1000千瓦以上的可再生电源，外加一套冷却装置，以防止增益介质过热导致光束扭曲。

这套武器系统还需要一套光束定向器来瞄准目标。定向器可能是一面巨大的可移动镜面，配备了自适应光学系统或可变形光学元件，以补偿大气扰动的影响（大气的扰动状态可以用低能探测激光加以测量）。最后，瞄准目标还离不开雷达系统或光学显示系统的锁定和追踪。

实用激光武器的出现，不亚于一场战争革命。不过在现阶段，我们还无法将这么多的技术集成到柯克船长（Captain Kirk，美国科幻电视剧《星际迷航》中的角色）的激光枪（《星际迷航》中的一种单人武器，通过发射一束能量射线来攻击对方）中。那种小型激光武器暂时仍无法从科幻变成现实。

探测核材料的"火眼金睛"

撰文 | 马克·沃尔弗顿（Mark Wolverton）
翻译 | 庞玮

美国洛斯阿拉莫斯国家实验室开发出一项新技术——"μ子断层扫描技术"，利用这项技术制成的核材料探测仪器具有无辐射、无法被屏蔽等诱人的优势，非常值得期待。

美国洛斯阿拉莫斯国家实验室诞生过世界上第一颗原子弹，现在那里又诞生了一种搜寻非法藏匿核材料的新方法。该实验室已经发展出一种技术，可以利用来自宇宙空间的一种亚原子粒子——μ子，探测诸如铀原子之类的重元素，这被称为"μ子断层扫描技术"。

地球表面1平方厘米的面积上，每分钟就有大约1万个μ子抵达。这些带电粒子是宇宙射线轰击高层大气中的分子时产生的副产品。μ子接近光速传播，可以穿透岩石和其他物质，贯穿至几十米深处，最终受到其他原子的吸收或散射而逐渐消散。散射过程在铀和钚这类原子序数较大（即原子核内质子较多）的重元素中体现得更为明显。利用μ子探测重元素技术的主要发明人、美国洛斯阿拉莫斯国家实验室的克里斯托弗·莫里斯（Christopher Morris）解释说："μ子的散射对原子序数比较敏感，对那些用来制造核弹的核材料，或用于屏蔽核材料的重金属更是十分敏感，这项技术就利用了这一点。我们测量每个μ子偏转的角度，也就是测量μ子入射时的角度和出射时的角度，然后计算两者之差，这个角度差可以告诉我们μ子穿过了多少物质。"

"9·11"之后，美国国土安全问题日益受到关注。莫里斯和他的研究小

μ子

μ子是一种带有一个单位负电荷、自旋为1/2的基本粒子。μ子与同属于轻子的电子和τ子具有相似的性质，人们至今未发现轻子具有任何内部结构。历史上曾经将μ子称为μ介子，但现代粒子物理学认为μ子并不属于介子。

μ子的质量为105.7MeV/c^2，大约是电子质量的207倍。由于μ子的性质与电子相似，因而可以把μ子想象成一个"加重版"的电子。由于质量更大，μ子在电磁场中的加速和偏转比电子要慢，发出的韧致辐射也较电子少，这使得μ子与相同能量的电子相比能够穿透更厚的物质。例如，宇宙射线中的μ子能够穿透厚达数百千米的大气层到达地表，甚至能到达数百米深的矿井之中。

μ子的能量远大于常见放射性衰变的衰变能，因此μ子不能通过放射性衰变产生。μ子可以在加速器上进行的高能物理实验中通过强子参与的核反应产生，此外，宇宙射线与地球大气作用也会产生大量μ子，这也是已知唯一的天然μ子来源。

组意识到，在探测走私入境的核材料方面，μ子探测技术要比现有的X射线、中子或伽马射线探测技术更有效。现有的三种技术都会对人体造成辐射伤害，而μ子探测技术根本不存在这样的问题，因为我们平常就生活在μ子的"海洋"之中。而且，当其他探测手段在屏蔽面前无能为力时，μ子探测器却能更容易地找到违禁核材料：这些高密度的屏蔽物质会在μ子断层扫描面前无处藏身，因为μ子散射技术不会像X射线成像探测技术一样，受到背景散射的干扰。

2006年，研究小组制成了一台μ子探测器的原型样机。这台样机成功地"嗅"出了藏在发动机汽缸中的一块10厘米见方的小铅块——这样的东西通常会逃过传统的X射线检查。美国洛斯阿拉莫斯国家实验室的技术转化联络员埃丽卡·沙利文（Erica Sullivan）说："那次成功让我们对该技术的有效性充满信心，我们已经准备充分，打算进入下一阶段的开发了。"

决策科学公司是一家总部设在圣迭戈的软件公司，专门从事防卫技术应用方面的开发，他们对美国洛斯阿拉莫斯国家实验室的μ子断层扫描技术很感兴趣。在得知原子序数适中的物质（比如制作简易爆炸装置的铁和铜）也可以用物理学家路易斯·阿尔瓦雷茨（Luis Alvarez）是利用 μ 子透视物体的第一人。20世纪60年代，他曾在埃及吉萨金字塔群的一座金字塔中，用 μ 子寻找密室。虽然一个密室也没找到，但他的研究工作证明，μ 子透视成像是可行的。除了阻止恐怖袭击以外，μ 子还可以用来预警自然灾害。日本东京大学的田中博之和名古屋大学的中野敏行用特殊的照相底版"拍摄"了贯穿日本浅间火山的 μ 子，μ 子数目和角度的变化可以显示火山内部的图像和岩浆的流动，这些结果说明，可以利用该技术预测未来的火山爆发。

该技术来探测之后，他们更是表现出了极大的热情。2007年春天，决策科学公司和美国洛斯阿拉莫斯国家实验室正式达成协议，共同开发用于国土安全防卫的商用型 μ 子断层扫描系统。

合作双方正在建造一台可以投入运行的原型机。决策科学公司负责该项目的经理戴夫·克卢（Dave Klugh）表示："这台原型机不再是用于实验室模拟或物理模拟的小型模型，而是可以用的真家伙。"这种商用探测器被称为"μ 子卫士"。

商用型 μ 子断层扫描仪不同于实验室里的小型模型，而是一条大得足以让半挂式卡车通行的隧道。一层层铝制探测器围成一个高约4.8米、宽为3.6～4.2

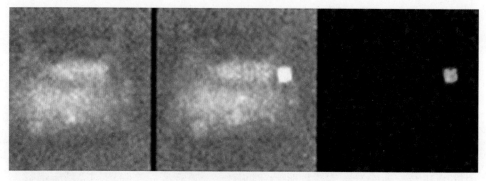

μ 子的火眼金睛：左图是利用 μ 子扫描技术得到的汽车发动机图像。中间的扫描结果显示，一个铅盒被藏匿在发动机中。在抠除了发动机本身的图像之后，铅盒便无处藏身了。

米、长约18米的空间。每个探测器里都填充了气体，μ子从中穿过，就会在气体中留下一条电离尾迹。从探测器中间穿过的一根细金属线能探测到这条尾迹，从而揭露μ子的行踪。要得到一幅详细的断层扫描图像，仪器需要扫描20秒到1分钟的时间，具体时间取决于被扫描车辆的大小及车上装载的货物。如果系统"掌握"了不同车辆的结构和模型，它还能忽略那些已知安全的部分，比如发动机和传动装置，这样就能缩短扫描时间，让不同寻常的物体更加凸显出来。

　　美国阿贡国家实验室物理学部副主任、资深物理学家唐纳德·吉萨曼（Donald Geesaman）称，美国洛斯阿拉莫斯国家实验室的这个项目"非常诱人"。他评价说，该项目的研究人员"在如何得到足够清晰的图像分辨率这一难题上取得了重大的突破"。正如克卢所说："我们十分需要这样的产品，很早以前就已经迫不及待了。"

激光
拦导弹

撰文 | **蔡宙**（Charles Q. Choi）
翻译 | **王栋**

一项新技术可以帮助军用直升机躲避导弹攻击。

在阿富汗战场上，美军高度依赖直升机，因为那里险峻复杂的地形不利于固定翼飞机起降，也不利于部队和车辆在地面行进。不幸的是，美军装备的大约3000架直升机具有飞行速度较慢、地平高度较低的弱点，这让它们成了对方肩扛式地空导弹的活靶子。

当今最先进的导弹防御系统，最初是为固定翼飞机研制的，然而其无法承受直升机飞行时产生的震动。不过，美国密歇根大学安阿伯分校的激光与光纤科学家穆罕默德·伊斯兰（Mohammed N. Islam）和同事正致力于利用市面上

买得到的激光器开发一种能适应直升机苛刻条件的、阻拦导弹攻击的方法。激光器发出的红外光束照射在导弹上，能够阻塞导弹的热探测器，为直升机争取足够的时间飞离危险区。

　　这项新技术的思路来源于电信运营商，他们利用多种波长的激光在光纤内为数据信号提供传播通道。伊斯兰还准备将该技术推向市场。这些"中红外超连续谱激光器"能够发出的激光的波长范围要比普通激光器发出的宽得多，从可见光波段的800纳米一直延续到中红外波段的4.5微米。并未参与此项研究的美国马里兰大学巴尔的摩分校激光科学家安东尼·约翰逊（Anthony M. Johnson）评价说："使用能够在市面上直接买到的激光器，这一招很聪明。"

　　或许，需要抵御导弹攻击的军用直升机是这种激光防御系统的最大客户。不仅如此，伊斯兰说，所有航空器都可以使用这种技术。

美军
装备

撰文 | 拉里·格林迈耶（Larry Greenemeier）
翻译 | 王栋

为了减少士兵伤亡率，美军研制了多种高科技装备。

自"9·11"以来，美国国会通过了近1.3万亿美元的军费开支。其中有一部分军费用于研发充满未来感的武器装备，如外装甲。

● 防弹衣和外装甲

因为装备了改良型的防弹衣，身处阿富汗和伊拉克的美国士兵在与对手的直接交火中，或遭遇简易爆炸装置的袭击时，生还率大有提高。目前，雷神公司、洛克希德·马丁公司和其他一些军火承包商正在研发液压驱动外装甲，穿上它的士兵能够携带更重的装备，身体力量和耐力也能得到提升。

● 智能榴弹发射器

从2010年下半年起，与步枪差不多大小的XM25反遮蔽目标交战系统开始在阿

富汗投入使用。这种武器发射出的
子弹带有微芯片，能根据预先设定
的程序在射出一定距离后引爆。

● 卫星导航降落伞

　　向阿富汗群山中的军队
运送食物、饮用水和弹药是
一项极具风险的任务。因
此，美军研制了"联合精确
空投系统"。这是一种可操
控的降落伞，装备有计算机
和全球定位系统，于2006年
起投入使用。

● 导弹制导系统

　　"得益于制导精度和射程的提升，美国及其盟国能在70千米外发射导
弹，摧毁任何一座房子里的任何房间或角落。"英国布鲁内尔大学的克里斯蒂
安·古斯塔夫森（Kristian Gustafson）说。

● 无人驾驶飞机

　　在阿富汗、伊拉克和巴基斯坦，无人驾驶飞机用来执行监控、侦查和攻击任务。自"9·11"以来，无人驾驶飞机研制的最大进步是，可在距战场数千千米外，通过操纵杆和计算机监视器来控制飞机。下一代无人驾驶飞机将会在大小上做文章，从小如蜜蜂到大似飞艇的飞机都有。

军用飞行车
即将起飞

撰文 | 许杰仁（Jeremy Hsu）

翻译 | 王栋

美国五角大楼资助研发的军用"变形金刚"飞行车，即将变成触手可及的现实。

汽车能像直升机一样飞行，这听起来颇有些科幻小说的感觉。但是，在美国五角大楼的资助下，历经4年的研发，"变形金刚"军用飞行车即将变成触手可及的现实。美国国家航空航天局、洛克希德·马丁公司和一家名为先进战术的新兴航空航天公司分别推出了两种原型机，让自动驾驶飞行车有可能成为未来战场的机器人主角之一。

无论是护送美国海豹突击队深入敌境，还是到直升机无法到达的城镇转移伤员，或是为分散部署的军事单位提供补给，飞行车或者类似的飞行器都能发挥巨大作用。美国国防部高级研究计划局也希望，能拥有一种无需经过飞行员训练，普通士兵就能操控的运输工具。飞行车的这一优点非常重

要，体现了战场对自动化"大脑"的需求，因为类似的系统或许还能用于操控战场无人机和机器人。

美国国防部高级研究计划局批准洛克希德·马丁公司在2015年上半年，建造并测试一种"变形金刚"原型机，目前被称为"可重置嵌入式航空系统"。严格来讲，"可重置嵌入式航空系统"并不是一台一体化飞行车，而是一架无人驾驶、可垂直起降的无人机，能够运载一辆轻型地面车辆（例如沙滩车）。这种设计方案让飞行车更灵活，不仅可以用来运送货物、医疗转移吊舱，还能用于战场监测及侦查的传感器等。此外，"可重置嵌入式航空系统"装备有涵道式螺旋桨，而非普通直升机的开放式旋翼，这不仅能让它比直升机飞得更快，还能避免士兵暴露在飞速旋转的螺旋桨叶片下。

美国国防部高级研究计划局项目中的另一种原型机，由先进战术公司独立研制。这部名为"黑暗骑士变形金刚"的设备，从外形上看更像是一部飞行车。根据设计方案，它最高能以150英里/小时（约合241千米/小时）的速度飞行，航程可达290英里（约合467千米）。"黑暗骑士变形金刚"由8个小型开放式旋翼提供飞行动力，在地面行驶时，旋翼会贴身收起。这部飞行车装备有汽车悬挂系统和越野卡车传动系统，地面行驶速度也可达到70英里/小时（约合113千米/小时），承载能力则超过了1000磅（约合454千克）。

在先进战术公司的设想中，他们的"黑暗骑士变形金刚"将拥有自己的"大脑"，可自主执行医疗撤退和货物补给等飞行任务，只有在地面时才需由人驾驶。2013年12月，该公司已经对一部"黑暗骑士变形金刚"原型机进行了地面行驶测试，并进行飞行测试。

新美国安全中心的"20YY战争首创研究"项目的负责人保罗·沙勒（Paul Scharre）认为，即便该项目最终不成功，它也很有价值，因为飞行车所使用的更加智能的软件，能带来巨大的价值。飞行车控制软件能够自动执行起飞、飞行和降落。在这类软件的帮助下，少数人类士兵就能指挥数量庞大、更加智能的无人机和机器人。此外，该软件还能帮助美军将普通直升机和其他运输工具改装成可以随时进入危险地带的无人操控机器人。

寻求安全的
信息技术

计算机和互联网为代表的信息技术浪潮已经在深刻地影响着我们的生活和思维方式，人类已经步入数字时代。不过，计算机和互联网在为我们带来便利的同时，也可能带来一系列安全问题，比如身份盗窃和计算机病毒等，这些问题值得我们关注。

空白频段
争夺战

撰文 | 拉里·格林迈耶（Larry Greenemeier）
翻译 | 王栋

高科技公司发明了一种速度飞快的无线上网方法，但由于该方法利用了空白频段，会对数字电视信号产生干扰，没能通过美国联邦通信委员会的检测。未来的无线设备会对高清电视带来干扰吗？

微软、谷歌和一些世界上最具影响力的科技公司，发明了一种无线上网新方法。新方法速度飞快，与它相比，如今的Wi－Fi标准无线网络慢得就像拨号上网一般。然而，各大电视广播公司十分恼火，因为在电视信号数字化后，这种飞速网络访问也许会对数字电视信号的传送产生影响。2007年，在美国联邦通信委员会（FCC）进行的一次测试中，无线设备对附近电视上播出的数字节目产生了严重的干扰。

空白色频段是这一矛盾的关键所在，它们是不同电视频道

新的无线服务将使用各个电视频道之间的缓冲频段，极有可能干扰数字广播信号。

之间没有被使用的频段，用于防止频道间信号相互干扰。2009年2月17日，也就是美国立法规定的该国电视播送信号必须完全数字化的最后期限，这些空白频段会变得更宽，释放出更多可用的无线电波频率。（数字电视信号占用的频道宽度比模拟信号要小。）

　　在高科技公司看来，这些空白频段缓冲区是极其宝贵的资源。利用这部分频段，计算机、手机和其他一些无线设备，能以每秒数千兆比特的速率传输数据（Wi－Fi标准无线网络的速率为每秒数兆比特），从而能够支持网状网络、偏远地区宽带接入以及无线热点服务。在一次宣传该计划的记者招待会上，谷歌公司华盛顿特区分部的电信及传媒律师里克·惠特（Rick Whitt）这样评价："或许你可以称它为Wi－Fi 2.0或超高速Wi－Fi。"2008年3月，继竞争对手微软之后，谷歌也向FCC递交申请，表明该公司对空白频段探测技术的支持立场。谷歌对无线技术大感兴趣的原因在于，他们想借此推广公司为移动设备开发的、开放源代码的安卓操作系统及配套软件。

　　但是，广播电视运营商不会为这套数字基础设施掏腰包，因为该设施只会让手机和互联网传输侵占他们的电视频道，使数字电视变得比用两根兔耳朵似的天线来接收信号的模拟电视更不稳定。因此，谷歌等公司想要抢占空白频段，就必须先获得FCC的许可。FCC需要这些公司证明，他们的设备能够有效锁定并使用空白频段，且不会干扰广播信号和其他已经在使用这些开放频段的设备，比如无线麦克风等。Adaptrum、微软、摩托罗拉、飞利浦和新加坡资讯

通信研究院等五家公司已经向FCC提交了测试原型机。每一台原型机都要设法从原先的空白频段中"圈出"一小块频段，既要让无线设备可以在其中正常运行，又不能阻碍或干扰其他信号——这种技术被称为"感知无线电"。

当时，尽管有些原型机能够检测到电视和无线麦克风信号的存在，但是具备数据传输功能的原型机还没有通过可靠性检验。微软曾在测试用于探测空白频段的原型机时出现了"意外自动关机"。微软公司的一位发言人说："由于原型机意外关机，FCC无法继续进行测试，于是决定终止对这台设备的测试。"不过他没有透露更多的细节。这是微软公司的设备第二次在FCC的耐久性测试中败下阵来。

这些高科技公司相信，总有一天，他们会发明一项技术，可以自动检测空白频段，并在不干扰其他合法用户的前提下临时借用这一频段。飞利浦公司北美研究院无线通信和网络部的项目负责人基兰·沙拉帕里（Kiran Challapali）说："飞利浦公司向FCC提交一种更先进的频谱检测技术，该技术能够检测信号并进行无干扰传输。"惠特说："如果这样的系统最终能通过检测，谷歌就会把能够使用空白频段的无线设备推向市场，用户也不必担心该设备会对他们昂贵的大屏幕高清电视带来干扰。"

蠕虫病毒：
向集团犯罪进军

撰文 | 迈克尔·莫耶（Michael Moyer）

翻译 | 王栋

Conficker蠕虫病毒让人们看到，全球恶意程序产业正向一种高效的团队合作模式演化。计算机病毒的背后，是一个个管理严密的犯罪组织。

对众多计算机用户来说，在4月1日那天不开机或许是个明智的选择。自2008年11月以来，一种名为Conficker的恶意程序已成为近年来对互联网威胁最大的计算机病毒之一。据估计，全球大概有1000万台计算机被它感染过。这种恶意程序会悄悄侵入运行Windows操作系统的计算机，然后静静潜伏下来，一直等到4月1日愚人节那天发作（不过，它的计时过程并非不可发现）。到了这一天，它会下载并执行一系列新的指令。虽然没人知道未来会是怎样，但作为一个典型例证，Conficker蠕虫病毒的复杂性已让人们看到，全球恶意程序产业正在向一种高效的团队合作模式演化。同时，它也让研究人员意识到，他们有必要借鉴对手的技术和经验。

蠕虫病毒

蠕虫病毒是一种常见的计算机病毒。它利用网络进行复制和传播，比如通过电子邮件传播。蠕虫病毒的名字来源于在DOS环境下，病毒发作时会在屏幕上出现一条类似虫子的东西，胡乱吞吃屏幕上的字母并改变其形状。蠕虫病毒是自包含的程序（或是一套程序），它能传播自身功能或自身的某些部分到其他的计算机系统中（通常是经过网络连接）。

通常，蠕虫病毒是利用操作系统（这里是指微软公司的Windows操作系统）的安全漏洞进行复制和传播。Conficker蠕虫病毒是一段非常先进的代码，能使计算机里的杀毒软件瘫痪，它还会自动更新，获取更多的功能。这种蠕虫病毒在互联网上的飞速传播，再次引起了人们对最具争议的安全防护手段——"编写并传播'有益'蠕虫病毒"的兴趣。这类程序会像其他蠕虫病毒一样传播，但它能保护那些被它感染的计算机。2003年年底，一种"有益"的蠕虫病毒曾小试牛刀：当时，一种名为Waledac的蠕虫病毒能与"冲击波"蠕虫病毒攻击同一个Windows操作系统安全漏洞，不过与"冲击波"病毒不同，Waledac蠕虫病毒的作用是为被它感染的计算机升级安全补丁。

表面上看，Waledac蠕虫病毒似乎是成功的。然而和所有蠕虫病毒一样，它依然会使网络流量激增，进而"阻塞"互联网。它还能在未得到用户许可的情况下重启计算机（Waledac蠕虫病毒自动升级服务最为人诟病，许多用户宁可关闭这项服务的原因是更新安全补丁需要重启计算机，而有时重启是在不恰当的时间）。更重要的是，无论目的多么高尚，蠕虫病毒的传播终究是一种未经授权的入侵。

Waledac蠕虫病毒之后，有关"有益"蠕虫病毒的争论逐渐平息，部分原因是蠕虫病毒本身逐渐消失了。非营利安全研究公司SRI国际的项目主管菲利普·波拉斯（Philip Porras）说："在本世纪初，世界上都还没带有明显商业痕迹的恶意程序传播行为，只有黑客通过病毒来发布声明或者获得认可。"蠕虫病毒会将计算机串联起来，形成规模较大的"僵尸网络"，进而攻击并关闭

某些合法网站。这是一件令人兴奋的事，但并不会带来很多利润。

过去几年里，恶意程序的商业化程度明显比以前更高。互联网上的"钓鱼者"给人们发送邮件，骗取各种账号和密码。犯罪分子也开始向正规、合法的网上商店上传难以发现的监控代码，偷偷盗取顾客的信用卡信息，然后把盗来的信息放在网上黑市出售。一个用户的网上银行账号和密码可以卖到10～1000美元；较为普遍的信用卡账号甚至便宜到每个6美分。根据互联网安全公司赛门铁克的估计，每年出现在网上黑市的"商品"总价值已超过70亿美元。

在这些骗局背后，是管理严密的犯罪组织。他们通常像做生意一样交易恶意程序。他们先从网上黑市购买先进代码，然后进行修改，将修改过的代码或被恶意程序控制的"僵尸网络"卖给出价最高的买家。他们还会投入资金，不断升级蠕虫病毒，尽可能延长病毒的"生命"。这种"生产线"式的运作模式实际上是一种犯罪。

4月1日之后的一周，Conficker蠕虫病毒的制造者和传播者的盈利目的就很明显了。该病毒会下载一个著名的垃圾邮件生成器。此外，被Conficker蠕虫病毒感染的计算机每隔几分钟就弹出一个非常令人厌烦的"Windows安全警报"窗口，声称这台计算机已被病毒感染，这倒是事实。警报窗口还承诺，只要下载售价50美元的指定杀毒软件，就能清除病毒，不过，仅限信用卡付款。

讽刺的是，常规的系统升级本应一开始就能阻止蠕虫病毒的传播。但在Conficker蠕虫病毒出现整整4周后，微软公司才发布了能使用户免遭该病毒感染的"紧急"安全补丁程序。显然，上百万台计算机已经没有机会升级该补丁程序了。令人担忧的是，也许还有上百万台的计算机并没有获得有效防御该病毒的能力——即使4月1日已经过去。或许Conficker蠕虫病毒已再次潜伏下来，静静等待新的指令。

虚拟世界
无法可依

撰文 | 迈克尔·坦尼森（Michael Tennesen）

翻译 | 张连营

随着社会往虚拟互联网的方向发展，一些专家认为应该专门立法应对虚拟世界的不法行为，让虚拟世界有法可依。

人们在虚拟世界中的所作所为，如果放到真实世界的话，是否具有法律效力？大多数人的答案或许是"不具任何法律效力"。不过，随着网络社区中真实的金融交易越来越多，一些法律专家认为，是时候将实体法学引入虚拟领域了。

美国旧金山林登实验室开发的网络游戏《第二人生》，为该游戏的100万名活跃玩家提供了在个人计算机上体验另一种生活的平台。在游戏中，玩家使用被称为"虚拟化身"的数字人物，游走于城堡、荒岛或其他美妙的3D环境之中。通过他们的"虚拟化身"，玩家可以与成千上万名其他在线玩家会面、交谈，甚至可以在躺椅上亲热，发生虚拟性行为。

这种体验如此令人沉迷，以至于网络活动在真实世界中引发冲突的报道已多次见诸报端。2008年11月，一名妇女发现她丈夫的"虚拟化身"与其他女性有过分亲昵的行为，愤而提出离婚申请。（男方则反驳，自己之所以在虚拟世界中与他人发生不忠行为，完全是妻子沉迷于另一款名为《魔兽世界》的网络游戏所致。）美国罗格斯大学的法律教授格雷格·拉斯托夫卡（Greg Lastowka）正在写一本名为《虚拟法》的书，他认为，在以过失为归责原因的离婚法庭上，提出这样的诉求是完全合法的。不过他觉得，这跟那些有贼心没

每个星期20小时——这就是玩家在《第二人生》之类的虚拟社区中平均花费的时间。在虚拟社区中发生的冲突，可能引发各种法律问题。

贼胆，只能愤愤不平地抱怨"我丈夫整天打高尔夫球，完全没时间陪我"的行为没什么两样。

　　不过，从每位玩家平均每星期要在这些虚拟环境中泡上大约20小时来看，玩家对这些虚拟事件的重视程度往往比立法者更甚。2005年，中国的一位游戏玩家邱诚伟在网络游戏《传奇3》中获得了一把宝剑，却被一位朋友借走不

保护"虚拟财产"的立法提案

　　2009年3月，全国人大代表王茜在全国人民代表大会上提议，应该尽早对网络游戏进行立法规范。她认为，《网络游戏产业法》首先要解决公民虚拟财产的保护问题。虚拟财产是狭义的数字化、非物化的财产形式，包括网络游戏、电子邮件等一系列信息类产品。她说："网络游戏中的虚拟财产应该是游戏者的劳动所得，应该得到保护。"

还，甚至在网上以7000多元人民币的价格出售。于是，邱诚伟向公安局报案，却被告知中国当时尚无保护虚拟财产的专门法律。最终，邱诚伟在现实世界中将这位借走宝剑的朋友杀死。对此，拉斯托夫卡评论说："如果有人因为一次虚拟犯罪而丢掉性命，另一个人因此在牢狱中度过余生，那么，我们是该认真对待这个问题了。"

不过，那些发生在"虚拟化身"之间的、在真实世界中会被视为犯罪的行为，才是更难界定的。旧金山律师本杰明·迪朗斯克（Benjamin Duranske）介绍过一起"虚拟强奸"案，他是《第二人生》律师协会的创始人之一，该协会成员每月在《第二人生》中聚会一次。迪朗斯克在自己的博客里写道，比利时布鲁塞尔的一位检察官对一起涉及《第二人生》比利时玩家的"虚拟强奸"案进行调查，最后不了了之。原因正如迪朗斯克所说："大多数禁止暴力行为的法律仅仅适用于真实个人，而不适用于虚拟角色。"

与此案遥相呼应的是发生在很多年前的一起事件。朱利安·迪布尔（Julian Dibble）在1993年的《乡村之声》周刊上专门撰文介绍了这个事件。这件事发生在一个以文字为主的虚拟社区LamdaMOO，作案者是一名人称本格尔先生（Mr. Bungle）的黑客，他控制其他"虚拟化身"，让他们在计算机屏幕上描述下流露骨的暴力行为。这篇报道促成了1994年在美国纽约大学召开的一场研讨会，主题就是讨论在互联网上实施自治管理的可能性，也就是说，虚拟社区可以限制或直接删除某些玩家的账户（本格尔先生的最终下场就是被删除账户）。

如今的虚拟社区都要求成员必须同意社区的服务条款才能注册，这样网络公司就有权采用各种手段，比如暂停账户，对虚拟社区中发生的各种争端进行裁决。不过，注册一个新账户，再创建另一个攻击角色，是一件非常简单的事情。正如拉斯托夫卡所说："虚拟世界不想监管用户，而只想获取利益而已。"（林登实验室就从玩家在《第二人生》游戏里进行的交易活动中分到了一部分利益。）他指出，在线虚拟社区中将永远不乏"恶意玩家"，他们在游戏中的新手村（即新人首次登录后在虚拟社区中所处的位置）伺机而动，等新来的"虚拟化身"一现身就把他们杀死，或者对那些还搞不清楚状况、不知道怎么按"拒绝"键的玩家角色进行性侵犯。

虚拟世界中犯罪案件日益增多，法院应当对此设立援引先例。韩国法院在处理涉及虚拟财产的案件时，就多次这么做过。相反，美国法院却一再逃避此类事件。网络社区涉及范围极广，因此建立一套专门法律很有必要。虚拟商业的年产值高达10亿美元，随着虚拟网络游戏玩家逐渐壮大，这个数字还将继续增长。拉斯托夫卡与迪朗斯克一致认为，我们的社会正在朝虚拟互联网的方向发展。用迪朗斯克的话说，这"将是我们相互之间交流方式的一场重大革命"。法律能否跟得上这场革命的前进脚步，仍然有待观察。

存在安全后门的
芯片

撰文 | 约翰·维拉赛诺（John Villasenor）
翻译 | 阳曦

研究人员在一种微芯片中发现了危险漏洞，这提醒我们硬件安全不容小视。

英国的两位安全研究人员展示了他们的一篇论文，文中描述了他们在一种微芯片中发现了"首个物理意义上的后门"：该芯片存在漏洞，可以容许恶意侵入者监视或改变芯片上的信息。

剑桥大学的谢尔盖·斯科罗博加托夫（Sergei Skorobogatov）和伦敦库欧·瓦迪斯实验室的克里斯托弗·伍兹（Christopher Woods）指出，这一漏洞使黑客有机会改编内存里的数据，获取芯片内部的逻辑信息。

该芯片制造商美高森美公司的总部位于美国加利福尼亚州，该公司发表的声明称："我们还不能确认或否认他们提出的问题。"

这个安全漏洞大受关注，因为它涉及的芯片ProASIC3 A3P250是一种基于现场可编程门阵列（FPGA）芯片。FPGA的用途非常广泛，从网络通信系统、金融市场到工业控制

系统，再到很多军事系统里都有它的踪影。FPGA一般用于实现一套独特的、通常也是高度私有化的逻辑操作。未经授权就能访问FPGA的内部结构，任何这样的漏洞都会带来知识产权被侵害的风险。此外，芯片内的运算和数据也可能被恶意更改。

如果这两位研究人员的发现确实站得住脚，我们立刻就会联想到一个重大问题：这个漏洞最初是怎么出现在硬件中的？这个后门可能是恶意植入的，也可能完全出于疏忽。也许有人在设计中加入了这个后门来做一些测试，却没有意识到后来它会被发现并可能被恶意利用。

不管这个漏洞是怎么来的，它都敲响了硬件安全的警钟。迄今为止，我们发现的网络安全漏洞绝大多数是软件漏洞，软件可以替代、升级、更改，相比之下，硬件漏洞存在于芯片的物理电路中，除非把芯片整个换掉，否则很难处理。

未来肯定还会出现其他的硬件安全漏洞，我们应当未雨绸缪，最大限度地降低它们可能带来的风险。

黑客入侵
车载计算机

撰文 | 拉里·格林迈耶 (larry greenemeier)
翻译 | 郭凯声

车载计算机越来越高档，但它或许会使你的爱车面临更大的网络攻击风险。因此，加强车载网络的安全措施势在必行。

时时担忧黑客可能闯入笔记本计算机和移动电话已经够让人闹心了，更糟的是，很快你的爱车也可能成为黑客觊觎的目标。汽车通过计算机彼此互连，形成一个复杂网络，并接入互联网。2011年早些时候，一个研究团队证明，神通广大的黑客或许可以用手机打开汽车门锁，并发动引擎，驾车扬长而去。美国加利福尼亚大学圣迭戈分校的计算机科学教授斯蒂芬·萨维奇（Stefan Savage）以及华盛顿大学的大仓河野在2011年3月向美国科学院的一个委员会介绍了他们的研究工作。他们通过蓝牙功能使手机和一辆汽车（具体型号未公开）连接，并将一款恶意软件植入汽车的计算机系统中，然后利用这个恶意软件来接管汽车的计算机系统，包括汽车发动机。德国弗劳恩霍费尔安全信息技术研究所的奥拉夫·亨尼格尔（Olaf Henniger）指出，这项研究"说明加强车

载网络的安全措施势在必行"。

作为EVITA项目（由宝马、富士通及其他企业赞助，于2008年启动的一个研发计划，旨在制定汽车生产厂商打造更安全的车载网络时所依据的安全性行动计划）的成员，亨尼格尔和同事正在努力开发安全的车载网络。他们已经开发出一套数据加密验证原型系统，可以用于车辆间或者车内的数据交换，以及汽车与道路上其他设备间的数据交换。

美国乔治·梅森大学安全信息系统中心的阿努普·高希（Anup Ghosh）认为，人们还不清楚汽车厂商是否愿意花更多的钱来提升汽车电子网络系统的安全性。许多厂商宣称，他们生产的汽车已经很安全了。福特汽车公司信息技术、安全性及战略政策主任里奇·斯特拉德（Rich Strader）说："每一辆福特汽车都安装有内置的防火墙，用以保护车上的SYNC系统免遭黑客攻击，并将汽车控制系统与信息娱乐网分隔开来。"通用汽车公司则表示，他们的车载移动应用程序从来不与汽车直接通信，而是与要求验证身份的OnStar网连接。

这项研究并不意味着汽车会突然沦为网络攻击的牺牲品。萨维奇、大仓河野和他们的同事仅是在报告他们若干年来的实验成果。不过，看起来网络黑客与安全专家们又找到一片新的战场，来继续他们之间永无休止的斗法了。

监控
身份安全

撰文 | 马克·菲谢蒂（Mark Fischetti）
翻译 | 马津

身份盗窃正在变成有组织犯罪，一项被称为身份评分的先进技术将监控网络上的此类可疑犯罪行为，确保用户身份安全。

身份数据失窃案在世界各地层出不穷，在线业务服务商纷纷奋起反击。他们采用的先进技术被统称为身份评分。这项技术远远超过了常规的信用监控技术，囊括了联机数据挖掘和模式识别，甚至还有网页注册用户信息的语义分析等方法。在揭露网络可疑的行迹方面，这些方法取得了越来越大的成功。

位于英国里士满的新兴公司Garlik也投入到了这场战斗。2006年10月，这家公司开创"数据巡逻"业务之先河，服务对象为英国公民。仅在2006年，英国就有10万人成为身份失窃案的受害者。Garlik公司会在信用报告、公共数据

选择不被检索

英国伦敦国际隐私组织董事西蒙·戴维斯（Simon Davies）说："MySapce之类的社交网站和谷歌之类的搜索引擎都意识到了身份盗窃问题，但它们都没有提供软件来保护用户向网站发送的信息。"只有一个网站例外——一个关于同性恋生活的网站提供了"屏蔽干扰加密"工具。

戴维斯指出，作为一种对抗身份窃贼的手段，网络公司应该签署一项共用机制，允许用户作出选择，保护他们的信息不被检索。不过他怀疑，网络公司不会自愿提供这项服务，因此必须立法强制执行。

库和网站中搜索整理与客户有关的信息，向他们提供一份详尽的评估报告。有了这份报告，客户就可以清楚地了解是否有窃贼试图用他们的个人资料申请信用卡、申领贷款、注册驾驶证或登记结婚等。这项服务的年费为30英镑。Garlik公司在网站上开始提供这项服务的短短4天之内，登记注册的英国人便超过了1万。

在美国，弗吉尼亚州阿林顿市的一个网络公司为客户搜集一份公共身份评估报告，收费为79.95美元；如果另外再按月交付4.95美元的话，一旦客户资料出现可疑的变更，公司将及时提醒。到2007年，这家公司已经为10万名客户提供了这种服务。

Garlik公司首席执行官汤姆·伊卢布（Tom Ilube）介绍说，自从该公司提供"数据巡逻"服务以来，申请该项业务的人数一直以5倍于预期的速度持续增长。近年来，越来越多的个人信息被公布到网上，美国政府机构也开放了越来越多的数据库，包括出生证、结婚证、死亡证明、信用记录、选举登记和房

产契约在内的多种数据资料，人们都可以在网上进行查询。这为身份窃贼打开了方便之门，使得身份欺诈案件的数量与日俱增。

Garlik公司曾经暗访过一些窃贼，他们声称：窃取一个身份并建立一份可信的虚假档案所需的时间，已经从以前的两三个星期缩短到现在的两三个小时。伊卢布介绍说，窃贼之间的合作也越来越密切，"身份盗窃正在变成有组织的犯罪"。

虽然身份评分技术与信用管理局监控着同样的财务明细数据，但这套技术的真正实力在于，它能对一些重要数据（例如社会安全号码和出生日期等）的网络来源进行细致的筛查。阿维瓦·利坦（Avivah Litan）是美国康涅狄格州斯坦福市高德纳集团公司的技术分析师，她说："身份评分技术可以告诉你，是否有人正在用你的名字从事犯罪活动，而这是信用管理局无法告诉你的。"2006年，购买信用监控服务的美国人多达2400万。

不过，利坦提醒说："身份评分技术无法告诉你，是否有骗子盗用了你的

网上证券交易账户，因为证券公司通常不会公开账户信息；它也无法告诉你是否有窃贼把你的身份资料倒卖给了非法移民，因为这些人不太可能出现在公共数据库中；当然，身份评分技术也无法帮你追回身份被盗所带来的损失。"

在追踪客户资料的细微异动方面，Garlik公司也居于领先地位。除了数据获取软件和模式识别软件以外，Garlik公司还借助语义技术分析客户的网络活动。该公司已经开发了一套"本体参考软件"，它能通过RDF架构搜索网页数据，寻找可能与Garlik公司客户资料有关的信息。这套软件还会根据数据的相关性，为不同的资料来源评定等级，以此作出判断：真正的乔·史密斯（Joe Smith）效力于Widget公司，而不是Sprocket公司；生活在美国俄勒冈州的波特兰市，而不是缅因州的波特兰市。

伊卢布说："语义中蕴含着的大量信息，将帮助语义分析技术在身份评分中发挥越来越大的作用，全面理解各类数据之间的联系。"

RDF

RDF是资源描述框架的缩写，它是一种用于表达万维网上资源信息的语言。它专门用于表达关于网络资源的元数据，比如网络页面的标题、作者和修改时间，网络文档的版权和许可信息，某个共享资源的可用计划表等。

用户评价
靠谱吗

撰文 ｜ 迈克尔·莫耶（Michael Moyer）
翻译 ｜ 王栋

用户评价长期以来被看作是最真实、最准确的数据，然而网上评价的可信度引起了新的关注。经过审视，我们发现网上评价系统并不一定靠谱。

亚马逊、猫途鹰和Yelp这样的网站，长期以来都靠顾客评价图书、旅店和餐馆。这种做法的背后，是一种被称为众包的营销哲学。这种哲学认为，来源于各个阶层的大量人群的意见集合，会提供最真实、最精确的评价。然而，仔

用户投票评价制度很容易受到操纵。

细审视一下就会发现，这样的公众意见可能既不准确，也不一定真正来自公众。通过这种途径得到的评价，最好的结果是不够精确，最坏的结果则是完全虚假。

根据美国宾夕法尼亚大学沃顿商学院运营与系统管理教授埃里克·克莱蒙斯（Eric K. Clemons）的说法，网上评价系统存在很多与生俱来的偏颇。第一条很明显却往往被人忽略：对一件商品进行评价的，都是那些已经选购了这件商品的人。因此，他们自然倾向于喜欢这件商品。克莱蒙斯举例说："我刚好喜欢拉里·尼文（Larry Niven）的小说，所以每当他有新小说出版，我就会买一本。其他的书迷也是这样，所以一开始小说的评价都非常高——五星。"如此高的评价足以吸引那些从来不喜欢科幻小说的读者购买此书。如果他们在读过之后发现不喜欢这本书，由此产生的厌恶感会带来大量的一星评价，导致对总评价的过度修正。

以上缺点还暴露出了另一种更有害的偏颇：人们往往不会评价那些他们觉得不好也不坏的产品。他们赞美喜欢的商品，而把不喜欢的贬为垃圾。这样的心理导致对同一产品有许多一星和五星评价。

然而，对这些看似具有两极分化评价的商品进行的一项线下对照调查表明，人们的真实意见分布符合一个钟形曲线——评价集中在三星或四星，二星很少，而一星和五星几乎没有。由用户自行决定是否参与评价的网上评价系统，产生了一个并不真实的评价断层，就像在当代政治中，只有那些最偏激、最吵闹的声音才会引发关注。

这种自行决定是否参与的机制，还以其他方式显示出了它的影响。2009年，在一项针对亚马逊网站内超过两万件商品进行的研究中，葡萄牙马德拉大学的计算机科学家瓦西利斯·科斯塔科斯（Vassilis Kostakos）发现，绝大部分的商品评价都来自于很少一部分用户。这些超级评论员往往都被授予顶级评论员徽章，网站还会对他们进行排名以鼓励他们参与评价。在这样的激励下，每一位超级评论员都发表了数以千计的评价，最终淹没了为数更多的普通用户的意见（在亚马逊网站上发表过评价的用户中，有95%只评价了不到8件商品）。科斯塔科斯评论道："我们并不是在说，这些人在评价方面做得好不好，我们只是说，他们做得太多了。"看起来，明智的公众意见其实已被少数积极分子垄断。

不过，超级评论员的存在有一个不容置疑的优点：他们很少当"托儿"。与商品直接相关的人（比方说这本书的作者）对评价网站的蓄意操控，才是网上评价系统中最久远和最难解决的问题之一。

一些网站试图用自动过滤软件来删除可疑的评价，这种软件能搜索评价中过度褒扬或贬低的词句，尤其是那些自我介绍很简短的人所发表的评价。但是，这种方法缺乏透明度，会滋生不信任，或者使情况更糟。

让我们看看网站Yelp的案例，该网站就对可疑的评价进行屏蔽。Yelp首席执行官和合伙创立人杰里米·斯托普尔曼（Jeremy Stoppelman）在为Yelp的过滤措施辩护时指出，一些商业公司甚至发布广告，承诺为正面评价给予资金奖励。然而，一些商业公司认为，这种过滤措施背后隐藏着更罪恶的目的。2010

年上半年，地方企业家联盟起诉
了Yelp，控告该公司实际上在施
行一种"数字欺诈"。这项诉讼
声称，Yelp的销售代表会打电话
给商业公司，提出一个简单的条
件："在我们这儿做广告，我们
就让那些负面评价消失。"

　　Yelp公司极力否认这一指
控，并且声明所有的删除都是自
动进行的，是一视同仁的。不
过，Yelp仍然拒绝透露过滤软件
具体如何运行，以免不道德的用
户利用这些信息绕开过滤软件。
透明度的缺乏，让人感觉Yelp自
己或许就在操控用户评价。

　　但是，评价系统并不是无法改进的。克莱蒙斯提到了RateBeer.com这个网
站，它吸引了约3000名会员，每名会员都评价了至少100种啤酒；除了那些最
罕见的啤酒，所有牌子和种类的啤酒都有成百上千条评价。如此巨大的数据量
实际上杜绝了评价被操控的可能，并且该网站的热心用户们还倾向于评价他们
品尝过的所有啤酒，而不是仅仅评价那些他们喜欢或者讨厌的啤酒。

　　当然，与评价100种啤酒相比，评价同样数量的餐馆和旅店会更难（花费
也更多）。除非其他网站能够积累同样数量的有效数据，一句老话或许仍是给
消费者的最佳建议：购物时要小心！

给数据中心
降温

撰文 | 拉里·格林迈耶（Larry Greenemeier）
翻译 | 王栋

对数据中心来说，互联网简直太"热"了。

虽然同飞机和汽车相比，互联网消耗的化石燃料要少得多，但随着由苹果公司、奈飞公司和其他一些公司提供的"云服务"增多，数据中心开始朝着更高的处理速度和更大的存储容量前进。

这些容量和速度的提升是有代价的：数据中心的运行会产生大量的热，必须由高耗能的风冷或液冷设备来导走，才不会让这些互联网的"引擎"烧毁自己。

意大利卡塔尼亚大学的计算机科学家及电气工程师迭戈·雷福尔贾托·雷库佩罗（Diego Reforgiato Recupero）认为，科学家在遏制这种能量消耗方面所做的工作并不够。在2013年3月29日出版的《科学》杂志上，雷库佩罗提出，互联网流量每3年就会翻一番，但网络耗能效率却没有得到同样的提升。

为了不让数据中心成为耗能大户，

排放更多温室气体到大气中，我们需要找到新的解决办法。雷库佩罗特别提到了两种硬件管理技术：一种是"智能待机"，可以将计算机服务器和网络设备中未被使用的部分置入功率极低的状态；另一种是被称为"动态频率调整"的技术，在网络流量较低时，允许数据中心的处理单元在百忙之中喘口气。

数据中心

维基百科给出的数据中心定义是"数据中心是一整套复杂的设施，不仅仅包括计算机系统和其他与之配套的设备（例如通信和存储系统），还包含冗余的数据通信连接设备、环境控制设备、监控设备以及各种安全装置"。谷歌将数据中心解释为"多功能的建筑物，能容纳多个服务器以及通信设备。这些设备被放置在一起是因为它们具有相同的对环境的要求以及物理安全上的需求，并且这样放置便于维护"，而"并不仅仅是一些服务器的集合"。

黑客工具隐匿
手机数据

撰文 | 杰西·埃姆斯帕克（Jesse Emspak）
翻译 | 郭凯声

一种黑客工具可以修改智能手机的操作系统，从而让手机显示虚假信息，隐藏真实的数据。

警察没收了一名贩毒嫌犯的手机，但通话记录却显示，嫌犯只与母亲通过电话，未与其他任何人打过电话。与此同时，机场保安检查了一位记者的手机，但当保安想看看手机上是否有不适合曝光的东西时，却发现记者一直在海滩消磨时光。于是毒贩和记者得以安然脱身。几分钟之后，那些警方一直在寻找的姓名、号码及GPS数据等，才又重新在毒贩和记者的手机里现身。

一项新的编程技巧将有可能使上述场景成真。计算机科学家卡尔－约翰·卡尔松（Karl－Johan Karlsson）专门设置了一部手机，让它去忽悠别

人。他改动了一部安卓版智能手机的操作系统后，便将一些虚假数据（比如单纯的数字）输入手机，使真正的数据逃脱"法眼"。2014年1月，他在夏威夷国际系统科学大会上介绍了自己的黑客招数。

卡尔松用警方通用的两种取证工具测试了他的黑客招数。正常情况下，这两种工具能查出手机的通话记录、地点数据，乃至密码等。但在他运行那个被他篡改了的系统后，这些工具查到的只有他设置进手机中的虚假信息，真实的信息早已"遁形"。

不过，卡尔松坦言，虽然他的黑客招数曾经得手，但在美国联邦调查局或美国国家安全局的高超分析手段面前，也只能"原形毕露"。虽然如此，这种黑客招数还是能给某些刑事案件的审判造成麻烦。因为手机里存在两种互相矛盾的数据，会让案情变得扑朔迷离。

计算机安全专家米科·许珀宁（Mikko Hypponen）认为，卡尔松的黑客招数，意味着间谍、执法部门及用户之间的装备暗战进入了一个新阶段。

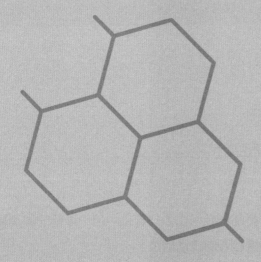

话题六
走进智能网络
世界

　　科学技术是人类战胜自然、改造自然的武器，是推动社会生产力发展的重要力量。科技的每一次发展都是人类文明史上的飞跃，都是人类征服自然、征服自身的壮举。21世纪，信息技术全面爆发，互联网已成为人们生产生活的组成部分。接下来，互联网会带给我们什么？让我们拭目以待。

打造围棋
"深蓝"

撰文 | 卡伦·弗兰克尔（Karlen A. Frankel）
翻译 | 陈家乾

在围棋领域，一直以来人类都能轻松击败计算机。但一种新的围棋算法将挑战人类智力，威胁人类在围棋领域的统治地位。

　　IBM研制的超级计算机"深蓝"在6局比赛中击败了国际象棋世界冠军加里·卡斯帕罗夫（Garry Kasparov）。这个里程碑式的事件终结了人类又一个在智力策略游戏上的统治地位。只有亚洲的围棋仿佛是计算机科学的"阿喀琉斯之踵"（一般指致命的弱点）——人类总是能够轻松击败计算机。但一种新的围棋算法，却能战胜高水平的棋手。

　　围棋的复杂度高，且极具欺骗性，对计算机程序提出了巨大的挑战。围棋的棋盘由两组数量相同、互相正交的平行线构成，分为9线小棋盘与19线大棋盘两种。对弈双方分执黑白两色棋子。通过在棋盘的交叉点上落子，棋手要尽可能扩张自己的领地并包围对方棋子。在大棋盘的对弈中，每一步可采取的策略数量都非常巨大。对局中期，平均每一步能采取200种不同的策略，相比而

超级计算机"深蓝"

　　1997年5月11日，国际象棋世界冠军卡斯帕罗夫在与一台名叫"深蓝"的IBM超级计算机经过6局比赛后，最终拱手称臣。"深蓝"是一台 IBM RS/6000 SP 32节点的计算机，运行着当时最优秀的商业 UNIX 操作系统。它的设计思想着重于发挥大规模的并行计算技术。因此，它拥有超人的计算能力，每秒可检查超过2亿个棋步。

言，国际象棋中每一步数十种的可选策略就显得微不足道了。此外，还要考虑数量众多的后续策略。由于棋盘上每个位置都对应着三种状态：黑子占据、白子占据和空位，N个位置便可构成3N种不同的状态。如果考虑规则约束，小棋盘大约有1038种不同的状态，大棋盘的状态数量则达到了惊人的10,170种。其他一些因素也会影响比赛胜负：棋盘上棋子的数量优势并不能确保胜利，棋手必须在考虑局部形式的同时兼顾全局。

　　为了处理如此众多的可能情况，人工智能专家已经设计出一些算法，来限制搜索的范围，但这些算法都无法在大棋盘的比赛中战胜实力稍强的人类棋手。2006年秋季，两位匈牙利研究人员报告了一种新算法，它的胜率比当时最佳算法提高了5%，能够在小棋盘的比赛中与人类职业棋手抗衡。这种被称为UCT的算法，是匈牙利国家科学院计算机与自动化研究所（位于布达佩斯）的列文特·科奇斯（Levente Kocsis）与加拿大艾伯塔大学（位于埃德蒙顿）

的乔鲍·塞派什瓦里（Csaba Szepesvári）合作提出的，是著名的蒙特卡罗方法的扩展应用。

20世纪70年代，蒙特卡罗方法首次运用于围棋程序，这种方法的作用类似于选举投票：用统计采样的方式，预测大规模群体的表现与特质。围棋程序会随机出招，模拟大量的比赛，对候选走法加以评估并排序。然而，每一步都采用评估值最高的走法，并不能保证获得比赛的胜利。相反，这种方法仅仅是限制了搜索的范围。

进军围棋：人类仍然统治着围棋领域，但一种新的算法已经能够击败实力强劲的人类棋手。

UCT扩展了蒙特卡罗方法，集中关注那些最有希望赢得比赛的走法。科奇斯说："UCT的主要思想是对走法进行选择性采样。"他解释说，这种算法必须达到一种平衡，既要尝试当前的最佳走法，发现其中可能隐藏的昏招，还要搜索"当前并非最佳的走法，以确保不会因为先前的估计错误而错失妙招"。

UCT为每一种走法计算一个索引值，然后按照索引值最高的走法出招。索引值由采用该走法后最终取胜的概率（即胜率）决定，该走法被计算却未被采用的次数也对索引值有一定的影响。UCT会在内存中维护一棵"决策树"，用来记录每一种走法的统计数据。如果遇到一种先前从未计算过的走法，算法就会将它纳入决策树，并随机出招完成余下的比赛。

判定随机比赛的胜负后，UCT就会更新比赛中采用过的所有走法的统计数据。如果该走法的索引值等于它的胜率，算法就能快速选定这招最有希望获胜的策略。即使开局时走出妙招，也仍然无法确保比赛的最终胜利。所以在选择走法时，UCT会增大计算次数少的候选走法的权值，以使胜率的总体分布趋向平衡。

法国南巴黎大学的数学家西尔万·热利（Sylvain Gelly）与巴黎技术学校的王一早（Yizao Wang，音译）将UCT集成到一个他们称之为MoGo的程序中。该程序的胜率竟然比先前最先进的蒙特卡罗扩展算法几乎高出了一倍。2007年春季，MoGo在小棋盘的比赛中击败了实力强劲的业余棋手，在大棋盘比赛中也击败了实力稍弱的职业棋手，充分展示了能力。热利认为UCT易于实现，并有进一步完善的空间。那时，科奇斯就预言，10年以后，计算机就能攻克最后的壁垒，终结人类职业棋手对围棋的统治。

阿尔法围棋

　　阿尔法围棋（AlphaGo）是第一个击败人类职业围棋选手、第一个战胜围棋世界冠军的人工智能机器人，由谷歌旗下DeepMind公司的团队开发。其主要工作原理是"深度学习"。2016年3月，阿尔法围棋与围棋世界冠军、职业九段棋手李世石进行围棋人机大战，以4比1的总比分获胜；2017年5月，在中国乌镇围棋峰会上，它与排名世界第一的世界围棋冠军柯洁对战，以3比0的总比分获胜。

博客搞定
数学难题

撰文 | 达维德·卡斯泰尔韦基 (Davide Castelvecchi)
翻译 | 庞玮

依靠网络进行科学合作如今已很常见，有数学家提出依靠博客评论的方式实现大众科学家集体合作，这种协作方式为数学指出了一条新的、更快的研究之道。

20世纪中叶，法国数学家尼古拉·布尔巴基 (Nicolas Bourbaki) 所著的百科全书式专著，追溯了每一个数学概念的基础，将所有分支的源头都归结到集合论，也就是维恩图之类的东西，由此改变了这一领域的面貌。和他提出的许多概念一样，布尔巴基本人也只存在于抽象之中——他并不是一个真实存在的人，而是一群联系密切的年轻法国数学家给自己起的集体代号。如今，"博学家"堪称互联网时代的布尔巴基：他也是一个集体代号，而且或许能创造出一种新的数学研究形式。

"博学家"诞生于英国剑桥大学数学教授蒂莫西·高尔斯 (Timothy Gowers) 的博客，这位博主曾经获得过数学界的最高荣誉——菲尔兹奖。在2009年1月发布的一篇博文中，高尔斯提出了这样的问题：网络上的自发合作能否破解数学难题？这一合作能否开诚布公，将解题的创造性过程展示给全世界？虽然基于网络的科学合作甚至"众包"（指依靠网络集体协作来完成某项任务，比如国内的众多"字幕组"），如今已司空见惯，但高尔斯提出的协作有所不同。他指出，在通常的网络合作中，每位科学家都各自承担一个大项目下的一小块研究任务。有些情况下，鸟类爱好者或业余天文学家这样的大众科学家集体协作，也可以做出重要贡献。但是，高尔斯问道："如果要解决的问题无法分拆成众多子任务，那又该怎么办？"这样的问题能不能依靠他博客的读者通过回帖的方式来解决呢？

为了对这种方法进行首次尝试，高尔斯选择了所谓的"密度黑尔斯－朱伊特定理"。高尔斯说，这个问题有些类似于"下一种单人井字棋，但目的是要输"。这个定理声称，如果你的井字棋棋盘是多维的，而且维数足够大，下不了几步你就会发现，棋子会不可避免地排成一条线——无论你如何努力，都没办法输掉这场游戏。从1991年起，数学家就知道这个定理是正确的，但现有的证明使用了很多来自其他数学分支的复杂技巧。高尔斯向他的博客读者提出挑战，希望他们能帮助自己找到一个更基本、更简捷的证明——这种化繁为简的工作通常都被认为是极端困难的。

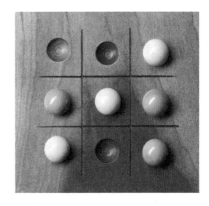

计划进行的速度远远超出了高尔斯的预期。不到6个星期，他就宣布证明已毕。把证明写成一篇正规论文的时间甚至比证明本身更花时间。原因有点特殊，因为具体证明过程分散在数百个回帖之中。2009年10月，这群证明者在网络预印本文库arxiv.org上发表了最终论文，署名为"博学家"。

不过另一方面，这一计划也有点令人失望，因为绝大多数贡献都是由区区6个人做出的——他们全都是职业数学家，而且是这一领域的"常客"。其中有一位也频繁更新博客，而且也是菲尔兹奖得主，他就是美国加利福尼亚大学洛杉矶分校的陶哲轩（Terence Tao）。

高尔斯认为，将人才汇聚起来自有它的好处。在尝试解决某个问题时，数学家常常会做很多无用功，一行行进行推导，几个星期甚至几个月后才发现走进了"死胡同"。而且很多时候，某位专家看来很有道理的推理过程，在另一个专家看来明显就是竹篮打水。所以当所有尝试都暴露在公众的反馈之中时，解决问题的过程会快很多。

　　陶哲轩形容这种体会虽然"无序"但充满乐趣，而且"比传统的研究方式更让人痴迷"。高尔斯此后又启动了几项网络协作计划，陶哲轩也发起了自己的协作项目。现在，非专业人士也参与了进来，用高尔斯的话来说，他们以"实际有效"的方式做出了贡献。这些高端爱好者包括一位教师、一位神父，还有一个现在从事计算工作的数学博士。不过这种协作方式究竟能获得多大范围的认可还不清楚。陶哲轩说，有些难题也许适合用这种途径来解决，比如在不对所有可能的走法进行"暴力运算"的基础上开发一种全新的国际象棋算法。那些著名的数学猜想可能不在此列，因为那些问题大多历史悠久，数学家早就对所有的死胡同都了如指掌了。

　　美国加利福尼亚大学圣迭戈分校的认知科学家拉斐尔·努涅斯（Rafael Núñez）对人在钻研数学时的心智过程及社交过程进行过研究。他指出，解决

问题只不过是另一种人类活动。数学家站在一块黑板前一起工作时，相互之间会通过语音和肢体语言进行微妙的交流，网络协作则丧失了所有这些细节。但正如人类已经学会如何在一个联成一体的世界中进行其他工作一样，数学家也会适应这种新的媒介。努涅斯提醒说："不仅是数学，我们在网络上所做的任何事情都不同于以往。"

抛开这些不谈，这一计划本身所具有的开放性或许是它最重要的特征。正如高尔斯在博客中所写，"博学家"可能是"人类如何解决一个严肃的（数学）研究问题的第一份完整记录，包括了所有的错误开局、死胡同及诸如此类的东西"，或者，用陶哲轩的话来说，这个计划的价值在于，它是"一个范本，展示了'腊肠'是如何被制作出来的"。

微博的
搜索利器

撰文 ｜ **弗朗西·迪普**（Francie Diep）

翻译 ｜ **王栋**

研究人员需要通过自动化程度更高的途径完成搜索工作。科学家研发出一种智能程度更高的语言处理器，它能帮助科学家从数百万条信息中识别出有用信息。

自从2006年推特（一家美国社交网络网站）面世以来，研究人员就一直在研究它，以期更深入地了解人类社会。总的来说，它提供了一个巨型数据库，囊括了人们的所做、所想、所感。但是，科学家手头现有的研究工具却很不完美。例如它的关键词搜索功能，虽能返回很多结果，却无法给出明确的总体趋势。

当美国科罗拉多大学博尔德分校的计算机科学家詹姆斯·马丁（James H. Martin）在推特上搜索关于2010年海地地震的相关内容时，他找到了1400万条相关信息。"你总不可能让研究生们把它们挨个读个遍吧。"他说。研究人员需要找到自动化程度更高的途径来完成这项工作。

一个很有前景的方法是，研发一种能够对推特上的句子成分（例如主语、谓语和宾语）进行标记的程序，然后利用这些标签来确定每条推特的内容是关于什么的。这种被称为"自然语言处理"的方法并不是什么新主意，但在社交短信上的应用却刚刚兴起。"它现在拥有广阔的应用领域。"马丁说。

施乐公司帕洛阿尔托研究中心的科学家研发出了一种这样的程序，该程序利用的是名为"分析器"的语言处理器，该处理器通常用于测试新发表的文章。"分析器"能够区分词语和标点，标记句子成分和分析句子的语法结构。但是，"它们在微博上的应用效果不佳"，帕洛阿尔托研究中心的研究员凯尔·登特（Kyle Dent）说。他和同事编写了数百条规则，来辨识推特上的"#"标签、重复字母（例如"pleaaaaaase"）和其他一些或许在《华尔街日报》上看不到的那些语言特征。2011年8月8日，他们在美国人工智能促进协会会议上展示了这项研究。

登特和同事还想利用他们的程序来区分反问句和疑问句。利用该程序，商家可以及时了解人们对产品的问题反馈。在最近进行的一项测试中，他们的程序准确识别出了2304条微博中68%的内容。"对于这样一个全新领域，首次尝试就取得这样的成绩已经很不错了。"美国空间和海上作战司令部的杰弗里·埃伦（Jeffrey Ellen）评论道，他效力的单位主要为美国海军提供情报技术。

"虽然微博搜索技术还未成熟到可以投入应用，但作为一个领域，它很快

就会发展到那个程度。"马丁说。一旦该技术成熟,研究人员就如同拥有了一座前所未有的、关于人类行为的数据宝藏。"小道八卦"被记录下来,还可以随时查询,这是有史以来的第一次。埃伦说:"一百年前,我们根本无法知道所有人的想法。"

下一代网络：
每秒千兆

撰文 | **拉里·格林迈耶**（Larry Greenemeier）
翻译 | **王栋**

美国的学术界需要更快的网速，为此美国29所大学试图建立下一代高速网络，网速达到每秒千兆。

在一项网速排名中，美国落在了许多国家的后面。一家网络分析公司——阿卡迈科技公司将美国列在了第14位，远远落后于冠军韩国，同样也输给了日本和罗马尼亚等地区和国家。对于提升网络速度，一个关键问题是：谁将为此埋单？通信公司对这类基础设施的建设往往谨慎，除非他们确信用户产生了对更高速度的需求。而对美国用户来说，他们使用互联网，主要是为了查看邮件和使用社交网络。对于这些用途，当前的宽带网速已经足够，通信公司自然不愿意花费额外成本来提高网速。

当然也有例外，那是在学术领域，因为大学和研究所总是希望网速更快。"我们觉得，如果没有千兆网速的支持，我们的研究人员就会落后。"美国联邦通信委员会的前政策顾问埃莉斯·科恩（Elise Kohn）说。科恩同曾参与制定美国联邦通信委员会"国家宽带计划"（即一项由美国国会授权的、旨在为所有

美国人提供宽带接入的计划）的布莱尔·莱文（Blair Levin）一起，领导了一个试验性项目，试图建立一个网速高达每秒千兆的互联网连接网络。该项目由美国29所大学，比如杜克大学、芝加哥大学、华盛顿大学和亚利桑那州立大学等共同发起。这个项目叫作Gig.U。

美国2011年的平均网速是每秒5.3兆，而Gig.U项目的网速要快出很多倍：用户能在不到一分钟的时间里下载相当于两部高清电影的数据量，并能流畅地在线观看视频，而不会感觉存在"马赛克"现象或其他干扰。韩国2011年的平均网速是每秒14.4兆，而且他们还宣称，未来要让每一个家庭都拥有每秒千兆的互联网连接。

美国的千兆互联网将随着地域的变化而有所不同，这取决于不同网络服务商为满足Gig.U用户的不同需求而提供的接入方式。"有的人可能需要千兆以上的网速，有的则不需要那么快。"科恩说。在Gig.U的意见征集期，当地网络服务提供商会被征集升级至高速网络的设想和建议。最终，Gig.U成员和那些对该项目感兴趣的非营利及私营公司会提供资金支持，来实现这些设想。Gig.U打算鼓励研究人员（如学生和教授等）开发新应用和新服务，使这种具有超快数据传输速率的互联网得到充分利用，以加速美国部署下一代网络的进程。

计算机
触觉界面

撰文 | 亚当·皮奥里（Adam Piore）
翻译 | 冯泽君

未来的手机屏幕不仅能给我们带来视觉的享受，也能给我们带来触觉的体验。

只要敲敲屏幕，就能在智能手机上拨电话或是调节歌曲音量。这固然很棒，但也不免单调——不管你敲哪里都是一个感觉，不会有任何触觉反馈。难道你不想来点更棒的体验？

美国威瑞森电信公司的一项概念界面很可能革新智能手机，带来全新的体验。这项技术通过屏幕下方的一种机械设备使局部屏幕凸起，凸起部分的形状与该处屏幕所显示的图形一致。想往家打电话？屏幕上就会升起拨号键。想跳到下一首歌？屏幕上就会凸显暂停和快进键。这些凸出部分不仅能提供更多触感，还能有效区分各个指令，减少错误操作。乔治·希加（George Higa）是威瑞森电信公司的用户界面设计师，也是这项专利的持有者，他说："你将会感觉到屏幕上凸出了一块很精巧的区域。"这项专利并没有规定威瑞森

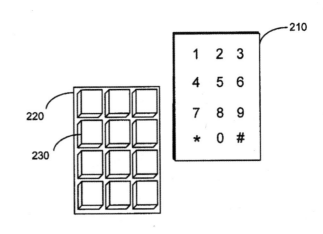

电信公司采用哪种技术来使屏幕凸出，希加说："技术发展太快，可能有多种技术都能实现该功能。"

研究表明，触觉反馈可以通过探针阵列、喷气或电流来实现。美国约翰斯·霍普金斯大学的机械工程教授艾利森·奥卡穆拉（Allison M. Okamura）说："触觉反馈（基于触感的反馈）是计算机界面的未来。"但是，要在小型掌上设备上实现触觉反馈还有一定的难度。美国西北大学的科学家研发出一台名为TPaD的设备，可以用超声速振动屏幕，使相应部分变得"很柔滑"，操作者可以在屏幕的不同部分调节柔滑度。但据奥卡穆拉所知，这种设备最小也有15厘米高，5厘米厚。奥卡穆拉说："威瑞森电信公司描述的设备很棒，但我还不知道怎么在手机上实现。"

光芯片打造
未来网络

撰文 | 褚波

人们对网络带宽的需求与日俱增，而光芯片或将是唯一能始终满足这种需求的传输介质。

目前，企业和个人对网络极度依赖，他们在创造了大量数据的同时，对更新、更好的应用和服务的需求也在与日俱增，因此，寻找一种能快速传递大量信息的传输方式迫在眉睫。正是这种需求，推动了光通信的进步。

在传输数据时，光网络是利用光脉冲来加速数据流，而不是通过导线发送电子，因此可以大大加快数据传输速度。为了实现这种通信方式，科学家一直希望找到一种方法，可以将光信号和低成本、大批量的芯片制造技术结合起来，以生产低成本的光芯片。

在此背景下，IBM的科学家研制出了一种原型光芯片"Holey Optochip"，这是世界首个并行光收发模块，每秒可以传输1Tb的数据——相当于每秒可以下载500部高清电影，或者让十万人同时享受10Mb宽带上网。

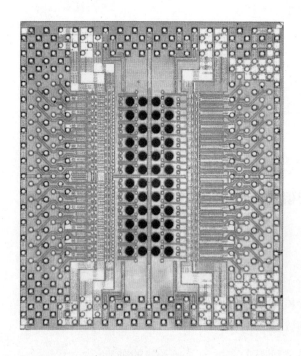

制造Holey Optochip，需要使用一种新方法，在标准的硅CMOS（互补金属氧化物半导体）芯片上打48个孔。因为这些孔的存在，光信号就能从芯片背面进入24个接收器和24个发射器通道（每个孔对应一个接收器或发射器），这使得Holey Optochip成为了一种高性能、低能耗的光学模块，并把数据的传输速度提升到了创纪录的水平。另外，这款原型产品所采用的元器件目前都已经商用，这为该芯片的商业化大规模生产提供了可能。

同时，研究人员在制作Holey Optochip时，也考虑了能耗因素，把整个收发器的能耗控制在5瓦以下，也就是说一个100瓦灯泡所消耗的能量，就足以支持20个收发器的运行。对于需要高速运算的企业来说，利用这种低能耗光芯片，他们可以在执行高强度分析、数据建模与预测等任务时，减轻能耗压力。

Holey Optochip显示出的特性说明，高速度、低功耗的网络互连在短期内是可以实现的，而光学器件或许是唯一一种传输介质，可以始终满足迅速扩增的带宽需求。据预测，未来的计算将主要依靠光芯片技术，它将促进云计算、超级计算机和数据中心的发展。

纳米晶体管
改造计算机

撰文 | 达维德·卡斯泰尔韦基（Davide Castelvecchi）

翻译 | 王栋

物理学家展示了一种新型纳米晶体管，这种设计将使计算机运行更快，耗电量更低。虽然它还没有转化成实用器件，但应用前景不可限量。

每块计算机芯片上，都密密麻麻地排列着数十亿个晶体管。自从1947年美国科学家约翰·巴丁（John Bardeen）、沃尔特·布拉顿（Walter Brattain）和威廉·肖克莱（William Shockley）在贝尔实验室制作出第一个晶体管原型以来，晶体管的生产一直都基于相同的原理。目前，物理学家展示了一种彻底简化的晶体管设计，这种设计能使计算机运行得更快，耗电量更低。虽然奥地利

物理学家朱利叶斯·埃德加·利林菲尔德（Julius Edgar Lilienfeld）早在1925年就为这种设计申请了专利，但迄今，它从未转化成实用器件。

每个晶体管都有一个门电极，它决定着电流能否通过半导体片，从而界定一个"开"或"关"的状态，这是计算机二进制运算的关键。传统的设计是，半导体片被加工成类似三明治的结构，即一种材料夹在另一种材料的中间。在"关"的状态下，这个"三明治"是绝缘体，但它可以转化为电导体，通常的方法是在门电极上施加一个电场。在芯片制造过程中，"三明治"结构是通过向硅片中"掺杂"其他元素形成的。例如，中间一层可以加入易于获得电子的元素；外面的两层则加入易于释放电子的元素。单独来看，每一层材料都是导电的，但除非门电极处于"开"的状态，否则电子无法穿过中间一层。

相邻材料层之间的边界叫作"结"。爱尔兰廷德尔国家研究院的琼－皮埃尔·科林奇（Jean－Pierre Colinge）说："随着晶体管尺寸的缩小，如何在几纳米的距离内，使硅片中掺杂元素的密度发生突然变化，以形成一个明显的边界，已成为科学家面临的一个大难题。"

一种解决办法就是干脆去除边界。根据利林菲尔德的设想，科林奇及其同事制作了一种晶体管，其只含一种掺杂元素，这样边界就不存在了。这种新型器件是一个1微米长的纳米管，其中掺杂了大量的硅，门电极横穿中部。门电极产生的电场会耗尽纳米管中间区域的电子，关闭晶体管，进而阻止电流通过纳米管。2010年3月，这个研究小组在《自然·纳米技术》杂志上发表了他们的研究成果。

要有效耗尽电子，纳米管只能有10纳米厚。这种纳米管有可能实现规模生产。科林奇说，"这个器件应该很容易整合在硅芯片上"，因为它与现有制造工艺是兼容的。他认为，无边界设计可以更有效地开关电流，这就意味着晶体管能在较低电压下工作，产生的无用热量更少，速度也将更快。（实际上，经过数十年的快速发展，计算机运算频率过去数年一直停顿在3GHz左右。）

位于美国纽约州约克敦海茨的IBM华生研究中心物理科学部主任托马斯·泰斯（Thomas Theis）认为，如果发明者能将无结晶体管的长度显著缩

短，更好地与现有部件相匹配，这种晶体管的应用前景就不可限量。科林奇说，把晶体管的尺寸缩短到10纳米应该是可行的，他的团队正在努力实现这一目标。科林奇还透露，自他们的文章发表以来，多家半导体公司都对无结晶体管很感兴趣，或许这些公司已经做好准备进入"无边界时代"了。

手机网络将永不崩溃

撰文 | 科琳娜·约齐欧（Corinne Iozzio）
翻译 | 林清

在未来，无论何时何地，我们都能用手机拨打紧急电话。

2012年，飓风"桑迪"横扫美国东海岸，在灾情最为严重的地区，它摧毁了多达半数的手机基站。这场飓风将我们依赖手机作为主要通信工具的缺陷暴露无遗。高通公司和其他无线通信公司一直致力于制定移动通信新标准：该套技术规程可以确保设备之间互相"通话"，即使在网络出现故障时也能保持线路畅通。2014年，与此相关的"邻近服务"或所谓的LTE Direct标准获批。

通常而言，手机通话的信号需要通过手机基站进行传播。LTE Direct技术将省去这个"中间人"的麻烦。在紧急情况下，那些处在4G LTE网络中，并使用同一频率的手机，将能够直接连接。大约在500米范围内，用户可以互相拨打电话，或与现场救援人员通话。如果目标不在附近，系统还可以通过多部手机进行信息传递，直到最终到达目标手机。

要想利用LTE Direct技术，高通公司和其他通信公司还需升级天线和处理器，所以要想让手机具备以上功能，我们还要再等上更长时间。但标准的获批意味着许多公司可以开始大展拳脚了。

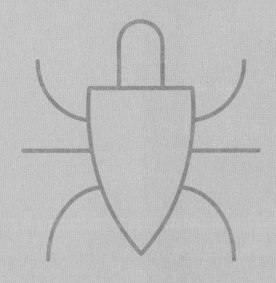

人工智能拉开
时代科技大幕

　　未来，人工智能（AI）的发展不仅会带来技术本身的进步，还将引领各行各业的创新发展。随着AI时代的到来，越来越多的公司加入到研发有实用价值的机器的队伍中去。机器人可以穿越太平洋、做比萨饼，无人机可以飞进火山口搜集数据、保护野生犀牛……"无所不能"的机器，满足你的猎奇心。本话题中的新进展预示着日新月异的进步将彻底改变人类的生活。

一心多用的 机器耳朵

撰文 | 蒂姆·霍尔尼亚克（Tim Hornyak）

翻译 | 宋彦

日本研究人员开发出一套机器人倾听系统，这套系统能够同时理解多人说话。研究人员预计这一技术会有更广泛的应用。

日本的圣德太子是公元7世纪的著名政治家，也是日本第一部宪法的制定者。据说他拥有同时倾听多人说话的能力，能一次听取10位请愿者的陈述，并马上作出裁决或提出意见。

日本研究人员从圣德太子的传奇故事中得到启发，花了5年时间，开发出一套能够同时理解多人说话，并作出响应的类人机器人系统。他们为机器人设置了一个饭店场景，让它在那里充当服务生的角色。如果有3个人出现在它的面前，并同时点不同的菜，机器人听懂菜名后，重复一次，并报出总价，正确率在70%左右。这个过程耗时不超过2秒，更重要的是，机器人不需要事先针对特定语音进行训练。

这样的听觉能力涉及人工智能领域中的一个基本难题——如何教会机器从嘈杂的环境中挑出重要的声音。这就是人们常说的"鸡尾酒会效应"（声学中人耳的掩蔽效应：在鸡尾酒会嘈杂的人群中，如果两人交谈，他们耳中听到的都会是对方的说话声，周围的各种噪声被自动掩盖掉了），大多数机器在这方面的表现，并不比一个灌了不少马丁尼酒的醉汉强多少。作为这一语音识别研究小组的负责人和这一领域的先行者，日本京都大学的奥乃博表示："对于一个机器人来说，在嘈杂的环境中识别出说话的人，是一件非常困难的事情。"

150

回音、杂音和其他信号干扰都会带来识别困难。

　　确实，能够用简单的自然语言直接和机器交流，从艾伦·图灵时代（Alan Turing）开始就一直是人类的梦想。但直到今天，这一梦想仍然离普通用户十分遥远。2006年，微软公司在现场演示Windows Vista的语音识别功能时，就闹了一个笑话：语音识别软件把简单的问候语"Dear Mom"（亲爱的妈妈）处理成了不知所云的"Dear Aunt, let's set so double the killer delete select all"。一大堆单词堆砌在一起，谁也不知道Vista在说些什么。

　　相比之下，奥乃博的系统可算异常精准，而且说话的人不需要佩戴耳麦，因为麦克风已经嵌入机器人体内。被奥乃博称为"机器监听"的程序会执行所谓的听觉场景计算分析，结合数字信号处理和统计方法，先定位声源，再用计算过滤器将不同的声音分离开来。下一步，"特征缺失掩码的自动生成"才是真正的关键。这一强大的技术能在系统专注于某一特定的说话者时，将它认定的其他不可靠的声音信号（比如周围的闲谈）屏蔽掉。然后，系统会将处理之后的信息，与一个内置的语音数据库进行比对，该数据库中储存着5000万条日语单

奥乃博与他的机器人R2和SIG2，这些机器人可以同时听懂多个人的谈话。

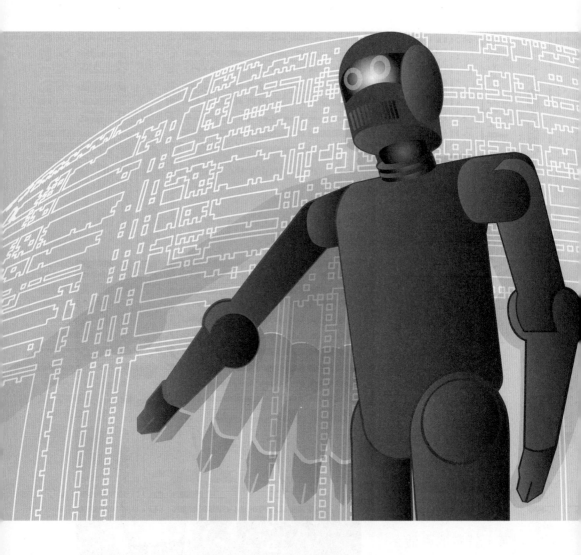

词发音，能够确定说话者说的是哪些单词。如果回放每个说话者经过过滤的声音，我们就会发现，中间只会听到极少数其他人的声音。

这些技术合在一起，就制成了这套适应能力较强的机器人倾听系统。与其他类似的系统相比，这套系统的能力更接近于人脑的听觉能力。奥乃博表示，这套系统也许能同时处理多达6个人的声音，具体人数取决于人们的相对位置和麦克风的数量（目前是8个）。此外，机器人还可以移动并面向说话者，从而提高听觉处理性能。

美国哥伦比亚大学语言与声音识别重构实验室的负责人丹·埃利斯（Dan Ellis）评价说："奥乃博的机器人听觉项目，把多麦克风声源定位的最佳方法和强大的缺失特征语音识别技术很好地结合在了一起，因此在理解重叠语音方面表现得非常出色。致力于解决真实世界中遇到的所有实际问题，探索能让机器和人类在真实环境中交谈沟通的技术，这才是奥乃博的研究工作高于其他类似研究的原因所在。"

除了给快餐店打工以外，奥乃博的机器人还可以改造成具有降噪功能的人工耳蜗。奥乃博认为，这样的设备可以与先进的自动复述系统结合起来，这一点非常重要，因为有听力障碍的人通常对谈话内容的上下文相当依赖。奥乃博本人因为常年用耳机听音乐，而且把声音开得很大，听力受到了损害，如果不借助听力辅助设备，基本上就是个聋子。他开玩笑说："目前类人机器人的听觉能力跟我差不多。"

奥乃博希望，这一技术能有更广泛的应用。他预测说，"在不久的将来，许多家电都会拥有内置的麦克风"，这些麦克风能做的事情肯定不仅仅是了解你想吃什么这么简单。

航海机器人穿越太平洋

撰文 | 卡伦·弗伦克尔（Karen A. Frenkel）
翻译 | 王栋

一台潜水机器人不仅获得了一批珍贵数据，还创造了无人驾驶潜水设备航行距离的新纪录。

现在，科学家正在研究一台名为"Papa Mau"的潜水机器人采集的数据信息。这台机器人和冲浪板一般大，由波浪驱动航行。它从美国旧金山出发，航行16,668千米后，于2012年年末抵达了澳大利亚赫维湾，成功穿越太平洋，并创造了无人驾驶潜水设备航行距离的纪录。它还记录了沿途有关洋流、风速和对海洋生物至关重要的微生物等数据信息。

这台潜水机器人在海中航行了一年有余，是4台被称为"波浪滑行者"的自动航海机器人中的一台。这些机器人由位于美国加利福尼亚州的Liquid Robotics公司研制并测试运行。公司首席执行官比尔·瓦斯（Bill Vass）介绍说，他们的潜水机器人提供的数据，其精确度比卫星提供的还高。目前，卫星被用来监测风速、浪高及水华等海洋数据。在400千米高的轨道上，卫星"只能粗略地遥感这些数据"。此外，卫星也只能监测洋面附近的海洋环境。与之相比，滑行者机器人能够"感知洋流的方方面面"。这一功能可使滑行者机器人更好地监测洋流的流速和方向，而这些信息对航运、石油和天然气开采以及全球天气均有重要影响。

美国罗格斯大学海洋生物学教授奥斯卡·斯科菲尔德（Oscar Schofield）虽然也认为卫星的探测效果有限，但"即便只能探测到洋面，卫星仍是能提供海洋

全球监测的唯一途径"。问题是，如何才能填补洋面之下监测的空白，将二维平面探测升级为三维立体探测呢？同是罗格斯大学教授的物理海洋学家斯科特·格伦（Scott Glenn）说，结合卫星和滑行者机器人两者获得的数据，或许能带来更加完整的图像。卫星能提供实时海洋图，而"波浪滑行者"机器人和"水下测绘滑行者"机器人则能进行垂直方向上的海洋测绘，并且能随时派它们去最感兴趣的海区，格伦解释说。

Liquid Robotics公司挑选了5名科学家，来研究"Papa Mau"和其他滑行者机器人收集的数据。来自美国加利福尼亚大学默塞德分校和圣克鲁斯分校、斯克里普斯海洋研究所、得克萨斯大学奥斯汀分校，以及位于波士顿的Wise Eddy软件公司的研究人员，将利用这些数据来分析评价海洋生态的健康和循环、海洋生物种群的数量，以及其他对海洋生物具有决定性影响的相关信息。

无人机
保护野生犀牛

撰文 | 约翰·普拉特（John R. Platt）
翻译 | 高瑞雪

无人机将可以帮助肯尼亚保护犀牛。

想象一下，只有几十个警察在曼哈顿全境巡逻，保护被一群装备精良的犯罪分子盯上并想要杀掉的东西。这就是近来肯尼亚中部奥尔佩杰塔自然保护区的大致状况。这个360平方千米的非盈利性自然保护区是许多濒临灭绝的珍稀动物的家园。这里生活着黑犀牛、大象、狮子、黑猩猩、细纹斑马，以及世界上最后7头北部白犀牛中的4头。其中，犀牛处境尤其危险，因为犀牛角能使偷猎者获得巨大的财富。据保护区管理局说，在这种平均收入只有每天1美元的

国家里，仅仅一只犀牛角就可以给偷猎者带来相当于30年工资的收入。

虽然奥尔佩杰塔保护区24小时武装护卫北部白犀牛，但是在保护区的其余区域，只有区区160名警卫，想要完成巡视任务几乎是不可能的。为了能让这些动物时刻处于保护之中，保护区管理局借助募资网站Indiegogo，募集到了35,000美元，购买了第一架无人机。

在世界各地保护濒危物种的工作中，类似的无人机已经发挥了作用。最终，总部设在美国的Unmanned Innovation公司的一个无人机型号获得了奥尔佩杰塔管理局的青睐。该型号无人机可以按照预先设定的程序模式飞行，同时还能向笔记本计算机发回实时视频。该无人机配有高清晰度的摄像头，在日间飞行中能够高倍变焦，在夜间活动时又可以红外热成像。奥尔佩杰塔保护区还计划给一些动物装上射频识别标签，以便无人机能够进行定位和跟踪。

无人机发送的视频和射频识别标签相结合，能让管理人员从空中发现问题，比如动物遇到了麻烦，或是偷猎者出现在不该出现的地方。

尽管这是奥尔佩杰塔保护区第一次启用无人机，但是已对偷猎者起到威慑作用。"有东西在天上，天空中有眼睛在看着，"罗伯特·布瑞尔（Robert Breare）说，"这样的消息会传播开来。"布瑞尔在奥尔佩杰塔保护区负责策划和创新工作，并且主持推进无人机工程。他说："无人机飞行时产生的发动机的声音，就是我们最大的收益。"

把机器人的耳朵
"叫醒"

撰文 | 格雷戈里·莫内（Gregory Mone）
翻译 | 王栋

研究人员设计了一种新的声音识别方案，让智能设备不仅能识别人类语言，还能识别其他声音。

在语音识别软件（例如iPhone的Siri）的帮助下，机器人已经能够识别语音命令并对此作出反应。但是，智能设备对其他声音的识别仍然很困难。位于美国波士顿的Rethink Robotics公司的机器人学家约瑟夫·罗马诺（Joseph Romano）解释说："从某种意义上讲，这个问题其实应该更容易解决，只是目前还没有进行过很多关于环境声音方面的研究工作，环境声音还没有被整合进机器人的反馈回路中。"

罗马诺试图让机器人尝试"聆听"除我们人类谈话以外的其他声音。他同美国宾夕法尼亚州立大学的研究人员合作，编写出了一款名为《怒吼》（机器人操控系统开源音频识别程序）的工具软件，可以让机器人学家训练智能设备对更多种类的声音作出反应。根据于《自主式机器人》期刊上发表的一篇研究文章介绍，该工具软件所需的主要硬件设备仅仅是一部麦克风。

开始进行训练时，操控员首先会让机器人装备的麦克风捕捉周围的声音，《怒吼》软件会滤除其中的静电噪声。接下来，操控员将引导《怒吼》软件来识别一些关键声音。在识别过程中，操控员需要反复进行某一特定动作（例如关门或打开智能手机闹铃），并在机器人"聆听"声音时，为不同的特征音频做不同的标记，以此来实现声音识别训练。最后，在完成一系列训练课程后，《怒吼》软件会对与动作相关的所有声音建立一个通用模型。

该研究团队在一部单臂机器人上安装了《怒吼》软件，用以测试该软件是否可以增强机器人完成特定任务的能力。其中的一个实验设置是让机器人尝试自主抓取并启动电钻。在没有声音反馈的情况下，机器人在20次尝试中只成功了9次；安装了《怒吼》软件后，机器人在做抓取动作后，如果没有听到电钻马达运转的声音，它就会调整动作再试一次，从而将成功率提高了一倍。

该项研究的下一个目标，是确保软件在吵闹嘈杂的环境中也能正常运行。未来的某一天，机器人学家如果能将声音识别成功地整合进机器人的反馈回路中，与视觉识别和触觉识别共同发挥作用，机器人护士就可以迅速应对病人的呼叫，工业机器人也能对生产中的故障及时作出反应。虽然这项技术的研究才刚刚起步，但是罗马诺认为它的潜力巨大。"现在，我们甚至连（这项技术）能做什么都还没有开始探索呢。"他说。

"谍影旋机"
助警方破案

撰文 ｜ 廖红艳

通过模仿蝙蝠和鸟类的飞行和栖息机制，科学家发明了仿生飞行吸附两栖机器人，希望未来能将它应用在犯罪、火灾、爆炸、地震等现场，进行侦察和监控。

犯罪嫌疑人走出大楼，乘坐汽车离开。这时，早早隐藏在楼顶的"谍影旋机"也开始行动。它悄无声息地接近犯罪嫌疑人乘坐的汽车，稳稳地吸附在车尾，清楚记录下犯罪嫌疑人的行车路线和车内情况。当犯罪嫌疑人走进另一栋大楼后，"谍影旋机"又飞向空中，"粘"在犯罪嫌疑人所在房间的窗外，伸出小摄像头，把现场情况拍了下来，最终帮助警方抓住了犯罪嫌疑人。

实际上，这是一次演习。表现神勇的"谍影旋机"，是南京理工大学计算机科学与工程学院智能科学与技术系副教授、博士生导师刘永带领的研究团队，研发的一款仿生飞行吸附两栖机器人。

这款侧吸式机器人外表看起来像一台遥控飞机，由四旋翼结构、吸附装置、无线摄像头、嵌入式控制器和多种传感器等部件组成。

它既可以像飞行生物一样飞行，又可以像壁虎一样吸在天花板和墙壁上，还可以像鸟儿一样抓着树枝，具有功耗低、噪声低、续航能力强等优点。它不仅具有空中飞行能力，能快速移动到目标位置，而且具有在三维空间壁面进行稳定吸附的能力，能够长时间在线工作，未来有望应用在犯罪、火灾、爆炸、地震等现场，进行侦察和监控。

　　"谍影旋机"是刘永团队研制的第三代产品，在此之前，他们在飞行吸附机理及飞行吸附方位方面，经过了较长时间的研发。

　　在接受《环球科学》记者采访时，刘永说："研发过程中面临的最大技术挑战，是让机器人在空中实现飞行和吸附状态的自主转换。由于在状态转换瞬间，吸附力和壁面反作用力的存在，正常的飞行控制规律完全失效，需要新的控制机理和关键技术。"

　　为了解决这些机理问题，研发团队一方面从数学上建立了机器人的动力学模型，提出了阻抗控制和力控制等策略；另一方面，从系统设计上，采取了柔性装置和多传感器等技术手段。

　　研发团队中的孙国辛当时是南京理工大学计算机专业研三的学生，他说："当初做实验时经历了无数次失败，机器人接触到墙面，有时会侧翻或者坠落。后来，团队成员在吸盘的支撑杆上设计了一个缓冲器，上面安装了弹簧。机器人碰到墙的时候，弹簧可以吸收墙面的反作用力，吸盘附近的支架也有助于把机器人固定在墙上。"

由于设计精巧,"谍影旋机"虽然自重只有1.5千克,却能搭载1千克的物品;普通机器人能飞二三十分钟就不错了,但这款飞行吸附两栖机器人一次能运行两三百分钟。

"一旦机器人吸附在墙壁上,螺旋桨就会停下,这样耗电量就少了,"孙国辛介绍说,"另外,机器人身上有一个测距传感器,在距离墙面近1米的地方,就可以调整飞行速度和姿态,防止机器人撞到墙上。飞到距离墙面5~10厘米时,机器人还能根据测力传感器,分析墙面的粗糙程度,最终确定吸盘的吸附力。因为机器人能够自己判断吸附力,所以也比较节能。"

在后续应用中,刘永希望,这款"谍影旋机"飞行吸附两栖机器人,能够像飞机一样实现自主起降。"自主性的起飞与降落,对飞行吸附两栖机器人的安全性非常重要。不过,要实现自主、智能化的起降过程,使机器人能够像真正的飞行生物一样停落在壁面上,再从壁面上自由地飞走,我们还需要做一些深入的研究。"刘永说。

除了提升机器人的自主起降能力和智能化水平,研发团队还打算进一步提高机器人的有效负载、续航能力和隐蔽性,以应对复杂三维空间环境,同时提供更加友好、简单的人机操控界面。

刘永说:"未来,我们想设计一款能执行长期侦查任务的机器人,它能像鸟、蝙蝠一样自由飞行栖息,把现场的图像和信息源源不断地传回来。"

社交网站成
科研数据重要来源

撰文 | **梅琳达·温纳·莫耶**（Melinda Wenner Moyer）
翻译 | **王栋**

推特拥有数十亿用户，他们每天发布的"推文"数量巨大，这是一笔无价的数据资源。

每天，全世界用户发表在推特上的"推文"有5亿条之多。对于研究人类行为模式的科学家来说，社交网站无疑是巨大的数据宝藏，因为其中包含大量有关用户私人生活的详细信息。

通过分析这些数据，研究人员可以找出影响健康的风险因素，还能追踪某些疾病的流行情况。例如，微软公司的研究人员开发出了一种算法，能通过分析怀孕妇女在推文中表现出的潜在情绪，预测她们患产后抑郁症的几率。美国地质调查局则利用推特来追踪地震发生的位置，因为地震时人们会在推特上炸了锅一样讨论刚刚感觉到的震动。

然而，即便是最热衷于此类研究的科学家，能得到的推文量仍很有限。虽然大部分推文都是公开的，但如果想要进行免费的系统性搜索，科学家就需要通过推特的后台系统来进行，而即使这样，搜索到的档案记录也只占全部数据的1%。不过，这种情况已得到改变：2014年2月，推特公司宣布，将把2006年起的全部"推文"记录，免费提供给研究人员使用。随着可利用的数据越来越多，而且人人有份，科学家将能探索一些更复杂、更具体的问题，用推特作为工具的研究也很可能会因此更加"兴旺发达"。

虽然推特公司的这一表态令人兴奋，但同时也引发了一些棘手的问题。例如，推特对基于自己数据产生的科研成果，享有法律权益吗？如果用户不愿意参与研究，那么将他们的"推文"用于研究，合乎道德吗？

为了消除这些担忧，2014年2月，美国弗吉尼亚理工大学的计算流行病学家凯特琳·里弗斯（Caitlin Rivers）和布赖恩·刘易斯（Bryan Lewis）发表了一篇文章，对使用推特数据提出了一些指导性道德原则。他们建议，科学家绝不能暴露用户的昵称，并且要将自己所从事的科学研究的目的公之于众。比方说，虽然从公共场合收集信息不存在道德问题（推特其实也是一种公共场合），但如果在未经用户许可的情况下，公开他（她）的个人信息，就不道德了。里弗斯和刘易斯指出，随着基于推特的研究项目迅速增多，考虑和保护用户隐私就变得极为重要。对科学家来说，可利用的数据越多，也意味着需要承担的责任越大。

机器人
做比萨饼

撰文 | 珍妮特·毕比（Jeanette Beebe）
翻译 | 李想

对机器人来说，拉伸可变形的物体（比如面团）是非常不容易的一件事。

在加班夜宵的食谱上，比萨饼一直骄傲地拥有自己的一席之地。身在意大利那不勒斯的科学家可以很方便地尝到世界级的美味外卖，那里的比萨饼可谓美誉四方。但让工程师布鲁诺·西西利亚诺（Bruno Siciliano）着迷的不仅仅是比萨饼的美味，更是它的烹饪过程。

"制作比萨饼需要非凡的灵巧和细腻的技术。"西西利亚诺说道，他在那不勒斯费代里科二世大学领导一个机器人研究小组。拉伸一个可变形的物体，比如面团，不仅着力点要准确，而且力道也得适当。这是少数几件人类能轻易做到，但机器人无能为力的事情之一——仅就目前而言。

西西利亚诺的小组一直致力于灵巧机器人的研发，机器人要能揉面、拉伸面团、撒放作料、将面饼放入烤箱，从头到尾完成比萨饼的烹饪。"机器人动态操控"是一个由欧洲研究理事会斥资250万欧元资助的、为期5年的研究项目。该项目研发的机器人最终要能像人类厨师那样，让面团在指尖上翻飞甩动，既要保持住旋转又要能预测面团的形变。机器人厨师在2018年5月那不勒

165

斯传统的比萨饼节上首次亮相。

2017年春天，"机器人动态操控"到达了一个新的高度：首次在不拉断的前提下拉长面团。为了训练机器人，西西利亚诺的小组聘请了比萨饼大师恩佐·科恰（Enzo Coccia），让他穿上一套动作捕捉设备。"我们学习科恰的动作，然后操控机器人进行模仿。"西西利亚诺说道。

"这种策略很有效。"科罗拉多大学博尔德分校机器人专家尼古劳斯·科雷尔（Nikolaus Correll）说道。科雷尔利用橡胶弹簧模仿了柔性动作，不过他并未参与西西利亚诺的研究。"人们学习制作比萨饼依靠的是来自双手的反馈，"科雷尔说，"人们得拉扯面团，感受面团。"

而"机器人动态操控"是使用头部的视觉系统来实时追踪面团。软件可以帮助机器人像厨师那样通过自我训练来掌握技巧，对于笨拙而稍显慌乱的机器人而言，这的确不容易。机器人需要捕捉面团的位置，然后追踪它的运动。通过练习，机器人会像人类发展出"肌肉记忆"那样熟能生巧。研究人员希望，借助"机器人动态操控"技术，新一代机器人即便不能像真人一样，也至少能以准确、精细、灵巧的方式完成任务。不过，西西利亚诺承认，还没什么能比得上人类厨师。"我永远也不会去吃机器人做的比萨饼，"他说道，"机器人没法做出源自厨师灵魂的味道。"

无人机飞进
火山口

撰文 | 香农·霍尔（Shannon Hall）
翻译 | 林清

在无人机的帮助下，研究人员近距离领略了火山的内部活动。

　　危地马拉的富埃戈火山（Volcan de Fuego）确实实至名归。"Fuego"在危地马拉语中的意思是"烈焰"，"烈焰火山"不仅每隔1小时就会向空中喷射几次火山灰，而且几乎每月都会有一次大爆发，化身成真正的炼狱，届时火山喷发的规模更大，吓人的岩浆和碎屑沿着山坡倾泻而下。这种周期性的行为正愈演愈烈，科学家不禁担心这座火山是否即将发生一次更大规模的喷发。1974年，这里曾发生过一次大规模火山喷发，火山灰喷射到4英里（约6.4千米）高的天空中，巨量岩屑顺坡而下。从那之后，下一次不知何时发生的大规模喷发，就成为当地10万居民心中挥之不去的梦魇。

　　但是，由于无法近距离观察，科学家很难预测火山今后的活动趋势。2017年早些时候，由火山学家和工程师组成的科研小组，首次通过无人机捕捉到了火山口活动的影像。"从火山学的角度来看，我们从未想到可以如此近距离地观察火山爆发，"研究团队成员、剑桥大学的火山学家埃玛·刘（Emma Liu）说，"那场面真是太壮观了。"

　　通过无人机的拍摄，研究人员发现，在富埃戈火山每月大爆发的前几天，火山口内会形成一个巨大的圆锥体。埃玛·刘及同事猜测，这个圆锥体会不断上升，直到像摇摇欲坠的叠叠乐塔一样，在结构变得不稳定时，开始部分塌

研究人员通过远程操控无人机，勘察帕卡亚火山（1）和富埃戈火山（2）。

陷，并喷发出更多的熔岩和岩屑，这个过程会部分地以半规则模式重复。

基于上述观点，火山学家可以更为精确地预测火山的爆发周期。拉蒙特－多尔蒂地球观测站的火山学家埃纳特·列夫（Einat Lev，未参与此项研究）称，这项工作"是对火山基本新知识的绝佳展示，特别是（无人机）提供了关于危地马拉火山内部活动的场景"。

该小组成员计划2017年11月返回危地马拉，通过观察火山口活动的整个周期来验证他们的假设。这次，他们所用的无人机将配备新的仪器，可以同时对火山灰柱进行取样，这可能有助于确定富埃戈火山是否会再次发生灾难性的喷发。

话题八
科技创新
引领时代

科技创新是现代化的发动机，是一个国家的进步和发展最重要的因素之一。科技创新能力强盛的国家在世界经济的发展中发挥着主导作用，只有不断提升自主创新能力，才能使经济建设和社会发展不断迈上新的台阶，实现可持续发展。

柔性电子
技术获突破

撰文 ｜ 郗泽潇

复旦大学科研团队揭示了有机薄膜晶体管稳定性机理，弯曲手机、折叠电视或将很快成真。

透明手机、折叠电视、防伪纸币、可显示新闻的车窗等一系列高科技产品，无不令人惊叹、向往。这些高科技产品的实现，都要依赖于柔性大面积电子技术。因此，其中最核心的硬件——大面积柔性有机薄膜晶体管（OTFT），受到了科研人员越来越多的关注。

OTFT具有可弯曲、伸展和折叠的特性，易于大面积印刷加工，生产成本低廉且无污染，因此应用前景非常广泛。然而，OTFT的性能不够稳定，国际学术界对其性能不稳定的成因和来源莫衷一是，这阻碍了OTFT走向商业化应用的进程。

复旦大学仇志军教授与刘冉教授领导的科研团队或许会改变这个局面。他们在揭示OTFT性能稳定性机制上取得突破性进展，找到了导致OTFT性能发生变化的内在机理，提出了水氧电化学反应与有机薄膜载流子相互作用模型，获得了广泛认可。

仇志军教授介绍说，OTFT是通过带正电荷的导电载流子（可以自由移动的带有电荷的物质微粒）来导电，当空气中大量存在的水分子和氧气分子与OTFT发生直接接触的时候，在OTFT表面会发生可逆的电化学反应。在正向电压作用下，水分子和氧气分子产生正向电化学反应，器件表面迅速产生大量带

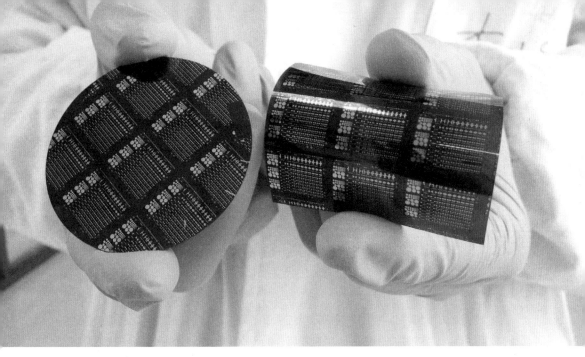

左为传统硅芯片，右为柔性电子芯片。

负电荷的氢氧根离子。正负电荷的相互吸引，导致OTFT中带正电荷的导电载流子被氢氧根离子牢牢"锁住"，缺少载流子的OTFT无法导通，也就无法正常工作。

然而在施加反向电压后，氢氧根离子发生逆向电化学反应，水分子和氧气分子被重新释放出来，之前被牢牢"锁住"的载流子便能在器件中自由"流动"，OTFT再次导通。

对于这种反应机理，科学家想出了一个生动的比喻——海绵模型。整个过程犹如向一条不断流动的小溪中投掷大量海绵，海绵吸水时，小溪近乎干涸而无水流动；海绵受到挤压时，水分会流出，小溪再次流动。小溪指的是OTFT，海绵指的是水分子和氧气分子，吸收和挤压指的是施加正、反向电压的过程，而水分就是载流子。如果OTFT内的电流状态不断发生变化，其逻辑操作就会发生"漂移"，导致电路工作紊乱失效。

实验结果表明，该模型为统一理论模型，不但适用于低导电特性的OTFT，还适用于类似碳纳米管和石墨烯之类具有高导电特性的薄膜器件，并且为OTFT的大规模应用提供了理论依据。

柔性电子技术具有良好的集成性和结合性，可广泛应用于那些对芯片本身性能要求不高，但需要芯片能大面积灵活运用的领域，如智能包装、可穿戴设备、医学成像、纸币防伪、大面积传感器和照明等领域。因此，柔性电子技术成为促成物联网真正普及和大规模应用的"最核心"技术。复旦大学科研团队的研究成果扫清了大规模应用中的障碍，为物联网普及和大规模应用做出了技术开发和储备的贡献。

物联网

　　综合采用计算机、网络、传感器、控制设备等，让能够被独立寻址的相关物理对象互联互通，实现对它们识别、监控和管理的智能化网络。物联网是新一代信息技术的重要组成部分，广泛应用于网络的融合中，也因此被称为继计算机、互联网之后世界信息产业发展的第三次浪潮。

追逐太阳的
概念车

撰文 | 拉里·格林迈耶（Larry Greenemeier）
翻译 | 王栋

一种混合动力概念车将可以完全使用太阳能来进行短途行驶。

时至今日，太阳能汽车几乎都还只是实验性的新鲜玩意儿。成本居高不下的电池、较低的能量转化率、许多地区并不多见的晴天等原因，让以光伏电池为动力的乘用车很难变成现实。

不过，福特公司正试图改变这一点。2014年，在美国消费电子协会于拉斯维加斯举办的国际消费电子展上，福特公司的C－MAX Energi混合动力车首次与公众见面。这辆车使用装在车顶的太阳能面板，来为锂离子电池充电。在电池驱动下，这辆车最远能行使34千米。随后，该混合动力车的汽油发动机将开始工作。

"这是全世界首款不需要连接电源充电的插电车。"福特全球电气化与基础设施总监迈克·廷斯基（Mike Tinskey）介绍说。

这种概念车随车携带的一面展开面积可达20平方米的丙烯酸塑料顶篷，内有起到巨型放大镜作用的透镜，可将强烈的日光导向车载太阳能板上。这种概念车利用传感器和摄像机，能追踪太阳的位置，并自动移动顶篷内透镜的位置来获得最佳日照。"与只是让车停在阳光下相比，这种系统能将车辆的充电速度提升8倍。"廷斯基介绍说。

显而易见，要想让这种概念车从展台上驶入寻常百姓家，福特公司还有不少坎要过。例如，太阳能电池、追踪系统和顶篷的成本问题等都还有待解决。此外，这种概念车的位置调整系统还会带来可行性和安全性方面的问题：普通家庭的车道上能容下一辆自行乱跑的车吗？怎么才能防止它无意压过挡在路上的东西呢？例如某人的脚，或者一只打盹的猫。

即便存在这些困难，这辆混合动力车仍然标志着未来汽车的一个大有希望的发展方向——实现无需电缆而且能源自给的乘用车。

"天河二号"
助力石油勘探

科学家使用计算机模拟石油勘探，这是超级计算机投入应用以来面对的最艰巨的挑战之一。

人们总是担心找不到足够的石油支撑社会前进，这种情感之强烈几乎堪比马尔萨斯（Malthus，人口学家，以其人口理论闻名于世）对人口过快增长将令人类不堪重负的担心。

解决问题的关键在于技术，现代科学技术正改变石油勘探艰苦乏味的特点。科学家已经可以通过分析地震波产生的大量原始信号来提高勘探的速度和精度，中石油开发的GeoEast系统就承担着这样的使命。GeoEast是一款地震数据处理与解释协同工作的一体化系统，它由近500个功能模块组成，能实现陆地和海洋等多地形地质结构的石油勘探模拟。

但使用这样强大的系统会带来另一个棘手的问题：在使用过程中产生的大量数据要求计算机必须具有极高的存储、计算和I/O（输入/输出）能力，因为只有如此，研究人员才能模拟出地震剖面图，从而推断出矿藏的准确位置。很多时候，甚至系统中某个模块的使用就能占据寻常超级计算机全部的计算节点。因此，在GeoEast系统闻名世界的过程中，至少有两个幕后英雄值得关注。

其中一个是"天河二号"。与很多超级计算机相比，"天河二号"有几个显著特点：它是一个完全开放的设备，所有科学家都可以利用它解决科研难题，这与天文学家争取天文望远镜使用时间的方式差不多；它的体积比超级计

算机"泰坦"小了15%，运算能力反而提升了接近1倍；它使用了CPU（中央处理器）和GPU（图形处理器）相结合的技术，尽管它的GPU不那么为人所熟知。

浪潮公司是另一个幕后英雄，正是这家公司凭借它在石油勘探行业积累的经验，设计出的高效低耗系统方案TS10000，将GeoEast系统的作业效率提高了10%，从而大大缩短了勘探的周期。这套系统由404个计算节点构成，整体峰值计算性能达134万亿次，运算能力因此获得了大幅提升；考虑到GeoEast系统是数据密集型和计算密集型相结合的应用，浪潮公司用万兆以太网将各计算节点彼此互联，从而提高了数据传输能力；浪潮公司还为该系统配置了它独立研发的高性能计算服务平台，用户借此可以精确快速跟踪资源使用情况，有效管理运算过程中的系统环境；最后，浪潮还对GeoEast系统中的部分模块进行了应用优化，因此GeoEast系统获得了量级的性能提升。

盲目的担心无助于问题的解决，技术进步在这里再次帮助人们解决了问题。

3D打印
微型金属装置

撰文 | 迈克尔·贝尔菲奥尔 (Michael Belfiore)
翻译 | 赵昌昊

研究人员从传统半导体加工工艺中得到灵感，开发了一种新的3D打印技术。

从商用电子设备到医疗器械，产品的尺寸都在不断缩小，这也给制造商带来了新的挑战：如何能制造出近乎微观尺寸的零件，同时又能完美呈现零件的细节部分？位于美国加利福尼亚州的Microfabrica公司，将逐层堆叠的3D打印技术与用于生产计算机芯片的金属离子电镀技术结合，研发出了一种新的生产工艺。这种工艺可以用5微米厚的金属层堆叠出极其精细的结构。相比之下，聚合物喷射3D打印机只能喷射出16微米厚的塑料层。

Microfabrica公司的新技术，不仅可用于制造各种新型工具，还可用于制

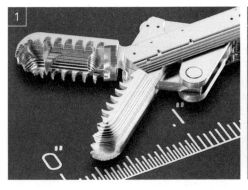

活体取样钳（1）和可扩展的组织支架（2）。

造传统工具的"微缩版"。例如，该公司在美国国防部高级研究计划局推动的项目中，研制出了为计算机芯片散热的微型散热器，以及军用微型计时装置。Microfabrica公司还用该技术生产小型外科手术设备，包括一种直径不足1毫米的活体取样钳和一种带有联动装置、可随着细胞生长而扩展的组织支架。美国东北大学的机械与工业工程教授卡罗尔·利弗莫尔（Carol Livermore）对Microfabrica公司的技术大为称道，他说："我从未见过比它更精尖的3D打印技术。"

激光雷达绘制
室内3D模型

撰文 | 迈克尔·贝尔菲奥雷（Michael Belfiore）

翻译 | 黄安娜

便携式激光测距仪可快速绘制建筑物内部的3D模型。

各大汽车制造商（包括行业新秀特斯拉和优步）正展开竞争，希望自家的无人车能尽快上路。这种竞争也催生了一些新技术，比如激光雷达。激光雷达使用方便灵活，可向多个方向散射激光，每秒钟能进行数万次测量，形成空间位置的点云数据（三维坐标点的集合）。计算机则对这些数据进行处理，由此得到车辆周围环境的连贯画面。

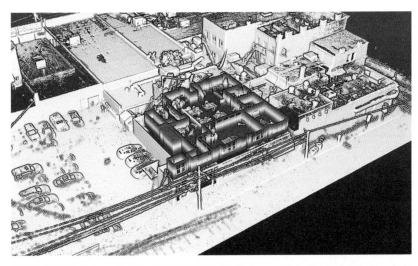

新设备的发明者宣称，利用升级后的激光雷达技术，不到半小时就能打印出一间办公室内部结构的3D模型。

德国匹兹堡的创业公司Kaarta对激光雷达进行了改造，使其价格更加亲民，处理速度也更快。这种被称作Contour的手持设备上安装了运动传感器、处理器和7英寸触摸屏。公司宣称，设计师、建筑师和其他任何人都可以在行走过程中，利用Contour快速形成周遭环境的3D模型。而且设备上的相机可以捕捉到色彩信息，对点云的信息进行补充，使3D模型更加真实。当需要对建筑进行改造或利用它进行其他项目时，人们就可以通过计算机辅助设计软件调用这些3D模型，在模型基础上进行改造。

CEO（首席执行官）凯文·道林（Kevin Dowling）称，大部分制造商仍在使用卷尺加画板的方法收集数据，然后将数据输入软件。相比而言，用Contour收集数据的方法远优于传统方法，而且该方法也更节省时间。

触觉地图帮助
盲人过马路

撰文 | 安德烈亚·马克斯(Andrea Marks)
翻译 | 李想

触觉地图可以帮助盲人穿过日趋复杂的交通路口。

在许多城市,过马路实际是一件要承担生命风险的事情。官方数据显示,自2006年起,纽约因交通意外死亡人数的很大一部分都是行人。对于视力障碍人群而言,情况就更为严峻了。

Touch Graphics公司是一家致力于将传感信息融入导航技术的研发公司。2017年夏天,该公司的设计人员与纽约交通运输部门合作,在一个靠近盲人资源中心的繁忙十字路口,对一种具有立体触觉效果并配有盲文图注的地图进行了测试。该项目是纽约"降低行人交通死亡率"计划的一部分。Touch Graphics公司总裁史蒂文·兰道(Steven Landau)称:"如果测试成功,这些地图将安装在纽约所有的13,000个十字路口旁。"兰道认为,这些地图之所以重要,是因为街道的布局日益复杂,有视力障碍的行人很难知道在他们走下人行道后将会遇到什么。"丹麦和瑞典已经开展了类似技术的试验,不过在北美,纽约是第一个,旧金山和多伦多很快也会跟进。"兰道补充说。

兰道的团队采用紫外光印刷技术制作这些地图:地图表面涂抹油墨后,在晾干前被送到紫外光下完成加工。这种工艺可以用更少的油墨绘制更丰富的细节,尤其有助于生产需要足够清晰度和对比度的立体触觉地图。每一幅地图都通过立体的图形和明亮且高对比度的颜色,从8个可能过马路的位置来标识路口。盲文和标准字体标示行人的起始位置,虚线标示行走的路线。椭圆代表车

标记车道数量和行驶方向的触觉交通地图可以帮助盲人安全地穿过路口。

辆，在每辆车的一端有凸起的箭头指明车辆在该车道内的行驶方向。黑色的线条代表自行车道，而隔离带和行人岛则按照实际形状标记在地图上。

密歇根大学从事触觉技术研究的赛尔·奥穆达赫里（Sile O'Modhrain，未参与本项研究）认为，这项技术将改变他们的生活。奥穆达赫里是一名盲人，她说安阿伯复杂的交通路口限制了她的活动范围。"这个主意真是太棒了，要知道，在过马路的时候我们总是很难知道具体要面对多少条车道。"奥穆达赫里说。"虽然能听出有多少车辆，也能分辨它们从哪个方向过来，"奥穆达赫里补充道，"但明确的车道标识还是会很有帮助的。"

新型
液化气电池

撰文 | **马修·塞达卡（Matthew Sedacca）**
翻译 | **马晓彤**

以液化气作为电解质溶剂的电池，不仅更强劲还更安全。

2016年，许多三星Galaxy Note7用户在付出惨痛的代价后，明白了一个道理，电子产品中的锂离子电池是可燃甚至可爆的。这种电池需要依赖由有机溶剂和可溶性盐组成的电解液工作。电解液使离子能在被多孔膜隔开的电极之间自由移动，形成电流。但这些液体容易形成微型锂纤维树突结构，导致电池短路，短时间内产生大量热量。一项研究发现，以一种液化气作为电解质溶剂的电池，不仅会更强劲，还会更安全。

加利福尼亚大学圣迭戈分校的赛勒斯·鲁斯托姆吉（Cyrus Rustomji）和同事发现，以氟甲烷液化气等组成的溶剂，可以像传统的液质基底一样溶解锂盐。实验表明，在充放电400次后，这种新型电池的电量还能保持如初；而传统的锂离子电池则只剩20%左右的电量。并且，这种压缩气体电池还不会产生树突结构。相关研究结果已于2017年早些时候发表在了《科学》杂志上。

传统的锂离子电池被刺穿时，分隔电极的膜会破裂，电极会互相接触，发生短路，导致电池过热，甚至起火（在氧气进入的情况下，反应还会更剧烈）。该研究的第一作者鲁斯托姆吉说："氟甲烷液化气处于高压环境下，如果这种新型电池被刺穿，压力就会释放，液体就会汽化并逸出。气体逸出后，电解液不存在，离子也就不能自由移动，所以电池不会出现短路起火的情况。与传统的锂离子电池不同，这种电池在–60°C时仍可正常使用，所以它还可用于给高海拔无人机和远程航天器的设备供电。"

麻省理工学院材料化学教授唐纳德·萨多韦（Donald Sadoway，未参与此项研究）评论道："该发现表明，这类已被充分研究的液体还有新的用途。"但他也提醒研究人员，温度过高可能会导致电池中的液化气快速膨胀，发生危险。